宮内泰介
Taisuke Miyauchi

歩く、見る、聞く

人びとの自然再生

Eurus
Notus
Zephyrus

岩波新書
1647

目次

目　次

第1章
自然とは何だろうか？
人間との相互作用

1　生活の場から

岩のりの採集

ある小さな集落の話から、この本の物語を始めたい。

宮城県石巻市北上町（二〇〇五年の合併前は宮城県北上町）にある小滝《こたき》集落。四〇世帯ほどの海ぎわの集落だ。私たちの自然の未来、社会の未来を考える旅は、この小さな集落の「自然」の話から始まる。

小滝集落で話を聞いたのは、大正一五（一九二六）年生まれの遠藤栄吾さん（六九ページ写真）。遠藤さんは、生まれてから今に至るまで、ほぼずっとこの小滝集落で生活してきた。尋常《じんじょう》小学校を出てからは、牡鹿《おしか》半島の小竹浜《こだけはま》で定置網《ていちあみ》の季節労働者として二年間働いた。そのときすでに海の男だった。

「小学校二年から海で働いていましたからね。仕事は、誰に教えてもらったということはなくてね、人がやっているのを見て覚えました」。

遠藤さんが力を入れていた一つが磯物《いそもの》の採集だった。磯物とは、干潮時に磯で採取できる貝

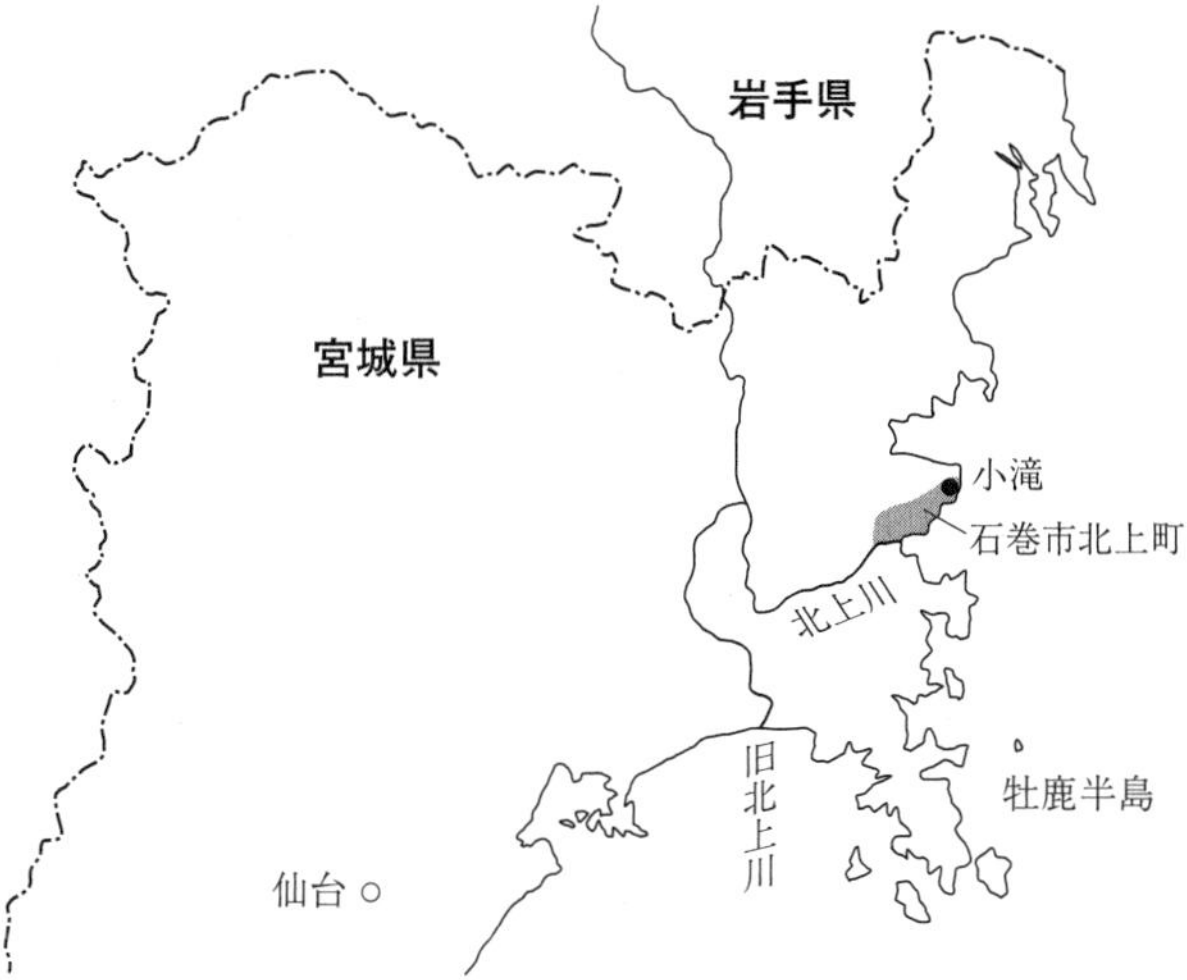

図1　北上町の地図

や海草などを言うが、小滝集落では、ノリ（アマノリ）、フノリ、ヒジキ、ツノマタ、テングサ、マツモなどの、つまり磯の海藻類（岩のり）のことだ。この岩のりの話が、「自然」をめぐってこの本でくりひろげられる議論の出発点になる。

　小滝集落がある北上町は、全長六百キロにわたる三陸海岸の南端付近にあたる（図1）。三陸海岸はリアス式海岸で知られるが、小滝集落付近もその典型だ。海ぎわに平地はなく、小滝集落は少し高いところにある（そのために、低いところにあった一軒を除いて東日本大震災の津波を免れた）。

　集落よりさらに内陸は、標高五三二メートルの翁倉山《おきなくらやま》を中心に山が連なっている。山に

小滝集落(宮城県石巻市)における岩のり採集

は、自然林であるブナ、イヌブナ、二次林であるアカマツ、コナラ、そしてススキ草原、さらには人工林であるスギなどが混生している。

そうした山が海岸近くまで迫り、海岸のほとんどは岩場である。そして岩場が海と接するところ(磯場《いそば》)に岩のり(磯物《いそもの》)が生えてくる。その磯物が住民たちの生活を支えた。

かつてこうした磯物は、結構な収入になった。遠藤さんのお母さんは、乾燥させたノリやフノリを内陸部の町まで運んで行き、米と交換した。

「持っていくのはノリやフノリを乾燥させたものだから軽くていいけどね、帰りは米だから重いのです。メリケン(小麦粉)袋五袋くらい持って帰ったこともありました。母親はバスで行ったり、誰かのトラックに乗せてもらったりしていました」。

リアス式海岸のこの地域では、平地がほとんど見られない。そのため田んぼを作ることができず、米はこうやって交換で得ていた。遠藤さんは言う。「磯場が私たちの田んぼのようなものだったのです」。

磯物採りが盛んだったころの話などをひとしきり聞いたあと、遠藤さんに浜へ連れて行ってもらった。浜の岩場では、ちょうど磯物の採集をしているところだった。三人の男女が、ノリやフノリを岩から剝《は》がして竹籠《たけかご》にせっせと入れている。

遠藤さんが、おもしろいことを教えてくれた。

「フノリなんかはね、採らないと、岩に余計な草がつくんだ。ノラというノリみたいな草がついて、食用に適さなくなる。だから採ったほうがきれいなのが生えてくるんだ」。

へえ、と思う。これは意図的な資源管理をしているということになる。採ることで、次の年もちゃんとフノリが生えてくるというわけだ。

さらに遠藤さんはこうも教えてくれた。「繁殖時期に採ったノリを、水で洗ってその水をじょうろで岩にかけるんですよ。そうすると、すぐ密着してしまうんだ。流れないんです」。

これはつまり種付けだ。ノリの胞子を岩に注ぎ、次の資源再生をうながす。

岩のりの採集と言えば自然のものを自然のまま採集していると考えられがちだが、必ずしもそうではない、ということを小滝集落の磯物採集は示してくれる。

遠藤さんは、さらに興味深い話をしてくれた。かつて、岩のりがつきやすいように積極的に岩場を改変していたという話だ。

「築磯《つきいそ》工事って言ってね、酸性化で白くなった石を除いてやり、海岸にある岩をとって浜に入れるのです。そしてフノリの胞子をじょうろでかけてやります。戦後まもなく昭和三〇年ごろまでは、補助事業でこの築磯工事をやりました。これは、すごく効果がありましたね」。

岩の面積が大きければ大きいほど、岩のりの収穫量は増える。どこでもよいわけではない。ちょうど岩のりが付きやすい高さ(それは岩のりの種類によって違う)のところに岩がたくさんあるほうがよい。そこで、わざとそういうところに岩を置く。それがもう少し大規模になると補助事業による工事にまでなる。

あとで調べると、こうした築磯工事は一九一二年に山形県で考案されたものらしい。それ以降、全国的にセメント塗布による岩面造成やコンクリートによる人工岩盤造成が進んだ(宮下章『海苔の歴史』)。

小滝集落の浜は、一見、自然の海岸に見える。しかし、そこには長い人間の関与があった。

磯場の海藻に対して種付けをしたり、ひいては築磯工事までおこなわれた。このように「改変」した自然を、どう見ればよいだろうか。

何のために、誰のために自然を守るのか

この本で私は、人と自然のこれから、そして私たち自身の未来を考えたい。その議論の最初に置かれるべきは、自然とはいったい何だろうか、という問いだ。自然とは何か？　自然は、何のため、誰のために守らなければならないのか？　そもそも、自然を守るとはどういうことなのか？

さらにこの本ではこんなことも考えたい。誰が自然を守るべきなのだろうか？（小滝集落の例なら、磯物は誰が採ってもよいのだろうか？　磯物は誰が守っているのだろうか？）どんな形で守るのがよいのだろうか？（小滝集落の例なら、磯物を採るルールはどうなっているのだろうか？）自然をめぐる私たちの社会のあり方は、どのようなものが好ましいのだろうか？（これらのことは主に第2章以降で議論される）。

そうしたことを考えようとするとき、視点をどこに置いて考えるのかが重要な鍵になってくる。私はそれを、人びとの生活から、つまりたとえば岩のりをめぐる遠藤さんたちの生活から

考えてみたい、と思う。遠藤さんたちが磯場の岩のりをずっと採ってきたこと、その岩のりを女性たちが町で米と交換していたこと、「磯場は私たちの田んぼだった」と語ってくれたこと、磯場の岩を改変していたこと。そうしたことの全体から自然を考える。地域の生活から、生活の全体から、自然を考える。現場を歩き、見て、聞いて、そこから、私たちの自然と社会のこれからを考えてみよう。

2　ヨシ原という自然から考える

北上川河口のヨシ原は、どう生まれたか

遠藤さんが住む北上町小滝から、海沿いの道を西へ車で一〇分くらい走らせると、北上川の河口に出る。岩手県を源流とする全長二四九キロの北上川は、この北上町で海に注ぎ込んでいる。この河口部に、一〇〇ヘクタールにも及ぶ広大なヨシ原が広がっている。ヨシ(葦。アシとも。*Phragmites australis*)は、河川の河口エリアなどによく生えるイネ科の植物だ。

このヨシ原もまた、私たちの自然認識にさまざまな示唆《しさ》を与えてくれる。

かつては日本中のどこにでもあったヨシ原だが、これほどの広大なヨシ原が残っているのは

北上川河口地域のヨシ原．冬の刈りとり風景

日本の中でも少なくなった。そのためこの北上川のヨシ原は現在、貴重な自然として高く評価されている。一九九六年には環境庁（現環境省）による「日本の音風景百選」にも選ばれた。JR東日本は二〇〇八年のフルムーンのポスターに、このヨシ原の風景写真を採用した。

貴重な自然として評価されるこのヨシ原が実はもともとあった自然ではない、と言うと驚く人も多いはずだ。

歴史をひもとくと、このヨシ原が明治から昭和にかけての河川改修事業の結果生まれたものだということがわかる。

この北上川の河口から南西に約一〇キロ離れた石巻市の市街地には、「旧北上川」が流れている。江戸時代には、この旧北上川が、北上川流域の米を江戸・大坂に運ぶ大動脈として使われた。石巻という町は、この舟運《しゅううん》で発達した町だった。しかし一方、この旧北上川は、洪水を頻発する川でもあった。

とくに一九一〇(明治四三)年の台風によってこの川は大洪水を引き起こし、甚大《じんだい》な被害をもたらした。宮城県下で死者三二〇名、流失家屋三五七戸と記録されている。なお、この年は全国的に台風・大雨で洪水被害が多発した。

当時の明治政府は、この被害をきっかけに大規模な河川改修事業に乗り出した。一九一一(明治四四)年から一九三四(昭和九)年の二三年間かけて、一大国家プロジェクトとして河川改修事業が実施された。

今の北上川の下流部は、そのころ追波《おっぱ》川と呼ばれた小さな川であった。その追波川に北上川の流れの多くの部分を持っていこうとするのが、この工事だった。もともと陸だったところを開削《かいさく》して新しく川を作り、それによって北上川と追波川をつなげた。現在の登米《とめ》市柳津《やないづ》付近が分岐点で、そこから追波川の側により多くの水量が流されることになった。

しかしそのままでは小さな追波川はいきなり増える流量に耐えられないので、浚渫《しゅんせつ》・掘削して川幅を大きく広げた。これにより、こちらの追波川が本流になったので、これを北上川と改名し、石巻市の市街地へ流れるもともとの北上川は「旧北上川」とされた。

国家がこうした事業によって川の名前を変えることは、日本ではよくあることだ。国家が水量の多くを流すほうと決めたのが「本流」で、そのため、追波川が本流＝北上川となった。住民たちの川への思いは無視され、名前さえも、国家の管理の都合が優先される。

追波川が北上川に変身し、川幅を広げられようとしたとき、そこには人が住んでいた。追波川の川岸には集落があり、そのまわりには田んぼがあった。その集落や田んぼが、川幅を広げるときには邪魔だった。そこで、釜谷崎《かまやざき》、大須《おおす》という二つの集落を中心に、三〇八戸の家屋、一四六ヘクタールの田畑が買収された。記録によると買収はたいへん早く進んだが、住民はやむなく安い金額での買収に応じたとも言われている（東北地方建設局北上川下流工事事務所『概要北上川第一期改修工事誌』）。二つの集落は、集落ごと近くに移転した。

河川区域に入ってしまった二つの元集落と元田畑のエリアに、昭和初期、ヨシが生えてくる。このあたりの土地はもともと湿地に近かったので、ヨシは田畑のまわりによく生えていたが（ヨシは湿地によく生える）、絶対量はそれほど多くなかった。そこへ河川改修によって広大なヨシ原が登場した。

北上川のすぐそばで生まれ育った鈴木民雄さん（一九一八（大正七）年生。移転させられた二つの集落の一つ、釜谷崎の住民）は、こんなふうに記憶を話してくれた。

自分たちの持ってた田が買収になって、田んぼの土をトロッコで全部堤防さ運んで、この堤防を作ったわけです。田んぼさ掘って、この堤防さずーっと作ったもんだから沼ができたわけ。最初の三～四年は、いっぱい沼があったもんです。そこにヒシやハスの葉が上流から流れてきて、一時期ヒシがえらく出てきました。カバ〔ガマのこと。高さ一・五～二メートルになる多年草。水辺に生える〕も生えてきた。カバは、編んで馬の荷鞍《にぐら》を作ったね。しかしそのうち、堤防の根っこのほうからヨシが生えてきたもんです。昭和の五～六年ごろに立派なヨシ谷地《やち》になったのです。

最初このヨシを海苔簀《のりず》にしたんです。ヨシは生えたばかりであんまり伸びもしないし、非常に細かったんです。だんだんこういう立派なヨシになったけど、最初のうちは本当に細い柔《やわらか》いヨシでした。それで、海苔簀加工にしようということになったんです。

地域住民のヨシ原利用

このヨシ原の登場は、河川改修にともなう新しい生態系の誕生だった。一方、住民にしてみれば、大きな収入源の登場でもあった。当時ヨシは屋根や海苔簀の材料として経済的価値が高く、住民たちは競ってヨシ刈りに精を出すようになった。

海苔簀とは、ノリを乾かすためにヨシなどで荒く編んだもので（大きさは約三〇センチメートル四方）、真水に溶かしたノリを流し込んで乾燥させる。ヨシで作る海苔簀は、ノリの生産地で大きな需要があった。

海苔簀組合を作ったんです。海苔簀はみんなしてやったんですね。日決めて、今日は口《くち》開《あ》け〔解禁〕すっからっていうことで一週間くらい刈ったね。口開けは八月二〇日ごろ。時間決めて八時なら八時から始まる。そうするとだいぶ差ついたよ。上手な人は倍くらい刈った。結局競争になっちまうね。そのころになると堅くなるから、それで刈って葉を取って乾燥して、三〇センチくらいに切って乾燥したんです。それから、五尺〆〔約一五〇センチメートル〕で海苔簀組合で持ってきなさいって。そいつをまとめて船積んで、気仙沼の漁業組合あたりさやったんです。

海苔簀用には、夏のまだ青いヨシを刈った。屋根用のヨシは冬の伸びきったヨシを刈った。このころは住民みずからがヨシを刈り、自分たちで加工して販売していた。しかし、のちにヨシを専門的に扱う業者が生まれ、次第に、ヨシ刈りそのものも住民たち自身によるものから専門業者によるものへ変わっていった。

ヨシの利用方法もまた、時代による変遷をとげた。当初は海苔簀用の需要が大きく、また、家畜(牛)の飼料としての利用も多かった。時代が下る中で茅葺き屋根用と土塀用の割合が大きくなり、現在はほぼ茅葺き屋根用のみである。

このように、「貴重な自然」ヨシ原は、人間のかかわり、歴史、経済といったものを抜きに語れない。

ヨシ原を生み出した国家事業。共同の取り決めのもとで刈り取りを始めた住民たち。変化するヨシ利用。それらの中で、自然も人も社会も、相互にかかわりあいながら変化をとげてきた。その結果として今もヨシ原は維持され(東日本大震災による地盤沈下で面積が縮小したが)、「貴重な自然」と評価されているのである。

生物多様性を支えるヨシ原

単に貴重な自然というだけでない。ヨシ原は今日、生物多様性の重要な要素と見なされている。

一九九二年、滋賀県は、琵琶湖ヨシ群落保全条例（滋賀県琵琶湖のヨシ群落の保全に関する条例）を制定した。琵琶湖は、北上川同様広大なヨシ原が広がっている。琵琶湖の水質改善、水鳥や魚の生息場所の維持、さらには湖岸の浸食を防止するためには、ヨシ原の保全を図らなければならない、というのが条例制定の理由だった。

さまざまな研究によって、ヨシには、濁りの沈殿除去、窒素やリンの吸収除去、有機物の分解などの作用があり、それによって水質を維持・改善してくれることがわかっている。稚魚や稚貝のナーサリー（保育場）の役割も果たしている。たとえば、琵琶湖ではニゴロブナのナーサリーとしてヨシ原が重要であることが知られている。ニゴロブナ（*Carassius auratus grandoculis*）は鮒寿司《ふなずし》の食材として使われる琵琶湖固有のコイ科淡水魚であり、環境省のレッドリストで「近い将来絶滅の危険性が高い」絶滅危惧IB類に指定されている。また、ヨシ原は、さまざまな底生動物の生息場所となっていて、それらがさらに魚の餌の重要な供給地にもなっている。さらに、ヨシキリなどの鳥類の生息地・営巣地の役割としても大きい（佐原雄二・細見正明『メダカとヨシ』など）。

このように生物多様性のために重要なヨシ原だが、実際には、刈り取りや火入れ（野焼き）といった人の手が加わらないと荒廃してしまう（他の植物が繁茂する）。

青森の小学校教諭、竹内健悟さんは長年、岩木川河口地域で、センニュウ科の鳥オオセッカ(*Locustella pryeri*)とヨシ原との関係についての調査を続けている。

岩木川は青森県西部を流れる川で、その河口地域は、北上川や琵琶湖と並んで日本有数のヨシ原エリアだ。竹内さんの研究では、ヨシの刈り取りや火入れがヨシ原の維持に大きく貢献していて、それがオオセッカなど草原性の鳥類に繁殖場所を提供してきたことが明らかになっている。ただし、火入れのやり方によっては短期的には鳥類の繁殖期の活動を奪うことになるので、火入れしない場所も残しておくことが必要だという(竹内「農業地域における自然環境管理の研究」、「岩木川下流部のオオセッカ繁殖地」)。

攪乱

生態学には「中規模攪乱《かくらん》仮説」という理論がある。

攪乱とは、生態系の現状を大きく乱すような現象、たとえば台風や洪水といったものを指す。そうした攪乱が適度な規模で起きた場合、それは新しい生態系を生み出す原因となって、全体として生物多様性が維持される、というのが「中規模攪乱仮説」である。

攪乱がまったくない状況では競争に強い種ばかりが生き延びて「弱い種」は負けてしまい、

生物多様性は低下してしまいがちだ。一方、適度に攪乱があると、それを利用して「弱い種」も生き延びることができ、全体として生物多様性が高まるというのである。ヨシ原の例で言えば、刈り取りや火入れが人為的な（適度な）攪乱として生物多様性に寄与しているということになる。

北上川のヨシ原が教えてくれるのは何だろうか。それは自然景観のダイナミックな動きであり、人間と自然との間のダイナミックな関係だ。人間から切り離された自然はなく、自然から切り離された人間の歴史もない。人間と自然の関係の歴史的な蓄積こそが、今日私たちをとりまく自然である。

これからの自然を考えるとき、まずはこの人間と自然との関係の歴史をひもとくことが重要になってくる。

今ある自然はどこから来たのか。どういう歴史をたどってきたのか。

3　日本列島の自然の歴史

森は少なかった

過去の自然がどういう状態だったのかを探るのは、思いのほかむずかしい。

京都精華大学の小椋純一さんは、それを昔の絵図から分析するというユニークな研究を続けている。たとえば図2は一八〇八年に刊行された「華洛一覧図」からのものである。「華洛一覧図」とは、当時の京都各所を描いた絵図であるが、図2をよく見ると、山には木があまりない。これはあくまで絵なのだから、実際にはもっと木があったはずだと思う人もいるかもしれない。しかし小椋さんの研究によると、この図は実態をかなり正確に反映した描写であるという。このような絵図を分析した結果、当時の京都近郊の山には、かなり低い植生の部分が多く、また場所によってはまったく植生のないところも広く見られたということがわかった(小椋『絵図から読み解く人と景観の歴史』)。

小椋さんは日本各地で同様の研究をし、その結果、江戸後期や明治期の日本の山の多くが、総じて低木だったり、草地やはげ山だったと結論づけている。小椋さんはもっと古い室町後期

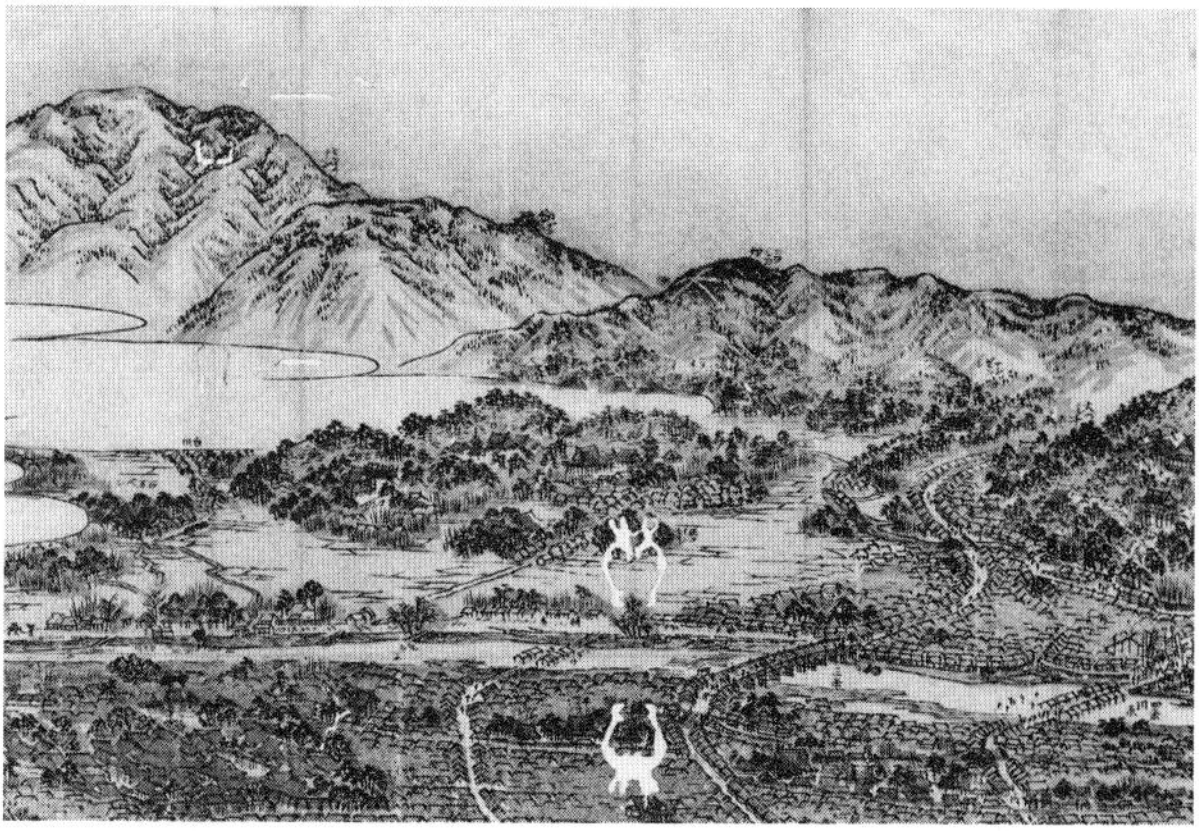
図2　京都周辺の山が描かれた「華洛一覧図」(一部)(1808年．龍谷大学図書館所蔵)

の京都近郊についても調べている。その結果、そのころでも、低木、あるいは植生自体がほとんどないようなエリアが少なくなかったという。

多くの人は漠然と、過去のほうが森が豊かで、時代が進むにつれ、森が少なくなってきた、というイメージをもっている。だから減ってきた森を守らなければならない、木を植えなければならない、と考える人も少なくない。しかし、今日、日本列島の森の面積は、過去の歴史の中でもたいへん多い時期にあたる。そのかわり減ったものは何か。それは草地である。

草地の減少

現在、日本列島の中で草地が占める面積の割合は一%に満たない。しかし、小椋さんは、絵図・

写真、さらには統計データも含めて研究した結果、二〇世紀初頭(明治後期)にはおそらく五〇〇万ヘクタール前後の原野(草地)が日本に存在しただろうとしている(小椋「日本の草地面積の変遷」)。また、それよりさかのぼって明治の初期にはさらに広い面積の草地があったと推定している。五〇〇万ヘクタールというのは、日本列島のおよそ一三％に当たる面積である(地理学者の氷見山幸夫らも、明治期の地図を解析する作業から、「一一％」という、ほぼ同様の推定をしている。氷見山他「明治後期―大正前期の土地利用の復原」)。

今日の草地面積が全体の一％以下に当たる三四万ヘクタールなのに比べると、日本列島は思いのほか、草原の列島だったのである。さらに江戸時代について小椋さんは、肥料や牛馬の餌として草地が必要だったのだから、明治期よりもさらに多くの草地が存在していただろうと推測している。詳しい面積の推定はむずかしいとしながらも、地域によっては山の五割~七割以上が草地のところも少なくなかったのではないかと推定している。

草地の減少は、私たちにとってどういう意味があるのだろうか。

草原は、高温多湿な日本列島の中で、草原にしか生育しない種々の植物、あるいは草原性の昆虫などをはぐくみ、独自の貴重な生態系を形成していた。

しかし今日、草原は減少し、そうした貴重な生態系が少なくなった。草原性生物の危機である。草原の植物であるオキナグサ（絶滅危惧II類＝「絶滅の危惧が増大している種」）やフジバカマ（準絶滅危惧）、キキョウ（絶滅危惧II類）、キスミレ（一〇の県で危惧種指定）、ヒゴタイ（絶滅危惧II類）などは全国的に減少している。また、草原に依存していたチョウ、たとえばオオルリシジミ（絶滅危惧IA類）やヒメシロチョウ（絶滅危惧IB類）も危うい（高橋佳孝「草原利用の歴史・文化とその再構築」）。

高温多湿を特徴とする日本列島の自然において、草原は放っておくと森になる可能性が高い。にもかかわらずかつて一割程度の草原があったということは、そこに何らかの力、つまり攪乱が加わっていたということだ。火山の噴火、あるいは洪水などがそうした力の一つだが、それに加え、人間の活動が大きかった。人間が刈り取ったり、焼いたり、あるいは、家畜を放牧することで草原は維持されてきた。

日本列島では、草地はさまざまな目的で利用されてきた。焼畑利用、放牧地としての利用、家畜の餌《えさ》としての草の収集、燃料（薪）の収集、刈敷《かりしき》（田畑の肥料としての落ち葉）の収集、あるいはススキの屋根材利用といったいとなみが続き、それが草地を草地として維持してきた（ただし江戸時代には、肥料用の草地利用がゆきすぎて、はげ山となり、それによって土砂災害を引き起こしたことも指摘されている。水本邦彦『村　百姓たちの近世』）。

しかし、燃料が化石燃料に変わり、肥料も化学肥料など外部からの肥料に変わると、草地は生活に必要な場所ではなくなってきた。また、とくに第二次大戦後は、「拡大造林」の名のもとで、もともと草地だったところに大量の杉が植えられた。そうして、草地は消滅していった。

草地の歴史は、日本列島の自然における人間活動の意義を示してくれる。

落葉広葉樹や草原は、なぜ残ったのか

ここまで来ると、もう少し長いスパンの自然の歴史も考えてみたくなる。

日本列島の過去の自然がどうだったかという研究は、近年、地中に深く眠っている植物の化石を調べるという手法で多くの成果を挙げている。花粉、珪酸《けいさん》(主にイネ科植物の細胞や組織の隙間に残っている化合物)、あるいは炭の化石を調べ、それらが残っていた地層の年代測定と合わせて、いつごろどういう植物がそこにあったのかを探る研究手法である。それらの研究成果からは、古い時代からの日本列島の自然について、およそ次のようなことがわかっている(安田喜憲『環境考古学事始』、養父志乃夫『里地里山文化論』、須賀丈他『草地と日本人』、辻誠一郎「縄文時代の植生史」など)。

まず、地球最後の氷河期が終わる一万年前より以前と以後とで、大きく違う。

一万年前より以前の日本列島は、北海道が森林ツンドラ・亜寒帯針葉樹林、東北〜中部山岳は亜寒帯針葉樹林や冷温帯落葉広葉樹林（ブナなど）、そして関東から九州にかけては冷温帯落葉広葉樹林だった。また、このころの気候は寒冷で小雨だったため、日本列島には多くの草原があった。

氷河期が終わると、この植生分布は大きな変化を遂げる。東北から中部にかけてコナラやクリを中心とする暖温帯落葉広葉樹林が優占すると同時に、西日本ではシイ、カシなどの照葉樹林（常緑広葉樹林）が広がった。照葉樹林は、氷河期にも西日本の太平洋側を中心に一部存在していたが（いわゆる待避地《レフュジア》）、かろうじて、という感じだった。しかし氷河期が終わり、温暖化する中で、照葉樹林は勢いを取り戻し、日本列島を北上する。三〇〇〇〜二三〇〇年前の縄文晩期には、関東地方や秋田県にも照葉樹林帯は達した。

日本列島の自然そのものが、この一万年くらいで大きく変化した。おおざっぱに言うと、氷河期に優占していた落葉広葉樹や草原と、そのあと進出してきた照葉樹林（カシなど）とのせめぎあいが、この一万年くらいの日本列島の自然の変化の基調にある。

ところで、本来なら落葉広葉樹や草原は、氷河期が終わって温暖多湿化する中で大幅に縮小してもよかったのに、そうはならなかった。照葉樹林の広がりと同時に、落葉広葉樹や草原も残り、それが日本列島の植生の多様性を守った。

国際的な環境NGO、コンサベーション・インターナショナルは、世界の生物多様性保全にとって重要な地域（より具体的には、「一五〇〇種以上の固有維管束植物（種子植物、シダ類）が生息しているが、原生の生態系の七割以上が改変された地域」）を「生物多様性ホットスポット」として選定しているが、その三五ヶ所のうちの一つが日本列島である。

人間の活動が作り出した多様性

なぜ日本列島は、生物多様性上、重要な場所になりえたのか。

もちろん日本列島の立地や気候条件があるのだが、同時に、人間の活動の影響が大きいことが近年の研究でわかってきている。

佐々木尚子・高原光の研究（「花粉化石と微粒炭からみた近畿地方のさまざまな里山の歴史」）は、「花粉化石」や「微粒炭」を使った分析を近畿地方の五ヶ所でおこない、数千年前から現在に至るまでの植生について、推定をしている。この研究は二つの重要なことを明らかにしている。一つは、縄文時代から人間活動の影響が見られること。もう一つは、その人間活動の違いから、時代ごと、そして地域ごとに植生がずいぶん違うことである（図3）。

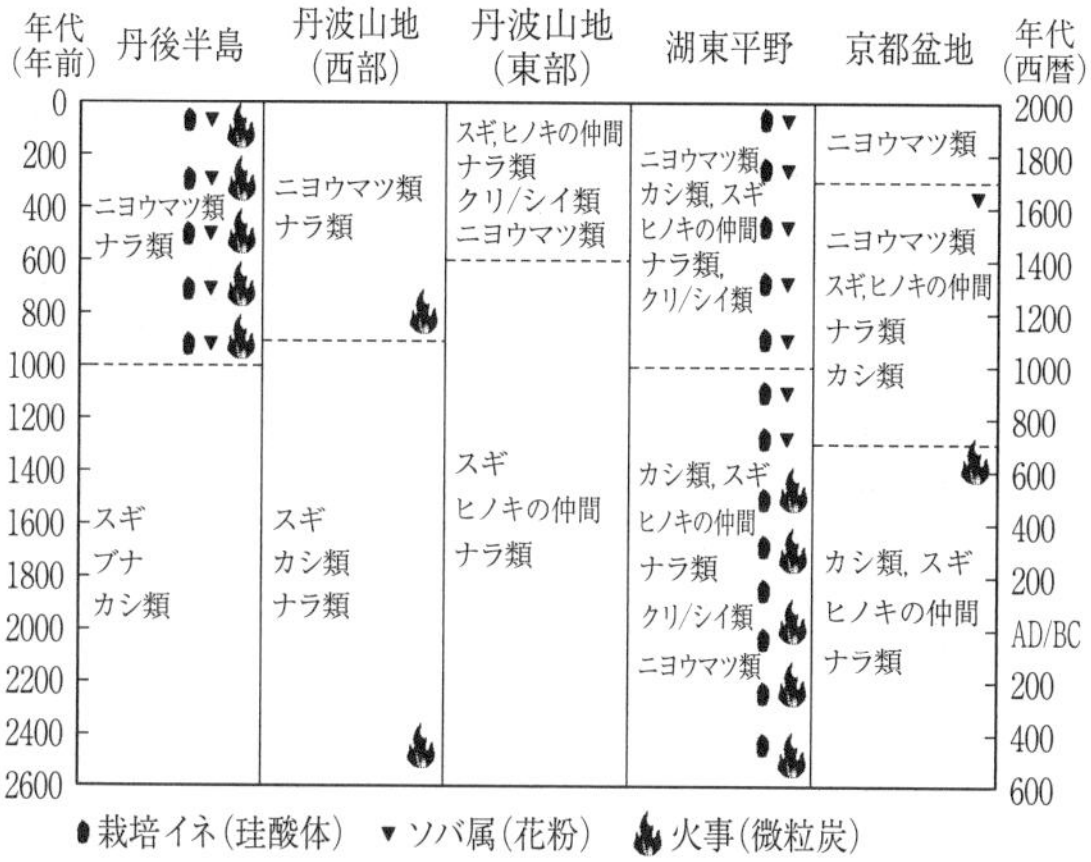

図3　近畿各地の「里山」の歴史
出典：佐々木尚子・高原光「花粉化石と微粒炭からみた近畿地方のさまざまな里山の歴史」(一部省略)

たとえば、丹後半島では、一万年ほど前からスギやブナが優占する森林が広がっていたが、六〇〇〇年前からカシの木が出現してくる。さらに一〇〇〇年前からは、稲作や火入れをともなうソバ栽培がおこなわれるようになり、それによってアカマツやナラ類が優占する森が増加した。

一方、丹波山地の西部では、五〇〇〇年前以降スギやヒノキなどの針葉樹が多い森だったが、二五〇〇年ほど前に火事があってマツ、ナラ、クリ、シイ類が増加した。そのあと再びスギが増加して、一〇〇〇年前ごろには再びスギが優占する森林になった。しかし、九〇〇年前に再び火事が起こってスギが減少し、マツ、ナラ、クリ、シイ類が増加する。同時に、イネ科やヨモギ属など明るい場所を好む草本類も増加する。この九〇〇〇年前ごろからの植生は、火入れをともなう人間の活動が背景にあると推測される。以降、最近までこの地域の植生には大きな変化がなく、一〇〇〇年近く安定した状態が続いた。

さらに、琵琶湖の東の湖東平野では、三五〇〇年ほど前から微粒炭が多く検出されており、焼畑などの火を使う人間活動があったものと推測されている。そのころはカシ、ナラ、スギ、ヒノキ類が多かったことがわかっており、一方、二五〇〇年前からは栽培されたイネの痕跡が残っている。しかし植生の変化はとくに見られないことから、もともとあった沼沢《しょうたく》で稲作が開始されたものと考えられている。一二〇〇年前ごろには微粒炭が見られなくなるので、焼畑もそのころ終わったものと推測される。

さらに一〇〇〇年前からは、ニヨウマツ類(アカマツなど)が優勢になっており、人間活動が背景にあったものと推測されるが、一方微粒炭は検出されないので、人間の活動と言っても、火はともなわない活動、たとえば薪や肥料の採集が中心だったのではないかと考えられる。

この佐々木尚子・高原光両氏の研究からは、かなり古い段階から人間活動が植生に影響していること、そしてそのあり方が時代や地域によって多様であるということがわかる(近畿という比較的狭い範囲でも、その多様性は際立っている)。

私たちは漠然と、昔の自然を取り戻そうと思いたくなることが多い。しかし、その「昔」がいつなのか、どこの「昔」なのかによって、自然の姿はずいぶん違ってくる。そして、おもしろいことに、どうやらそうした地域や時期による自然の違いこそが、日本列島の多様な植生や生態系の維持に貢献してきたとも言えそうなのだ。

4　自然とは何だろうか

自然保護の考え方の変遷

あらためて、自然とは何だろうか？　自然を守るとはどういうことだろうか？

それは常識的に考えられているほど単純ではなさそうだ。少なくとも日本列島の場合、人間の活動が生物多様性に寄与してきた可能性もある。もちろんどんな人間の関与でもよいわけはないし、何が「正しい」かかわりなのかは簡単に答が出るものではない。バランスとか、調和的な関係とか、そういう「お題目」はいくらでも言えるだろうが、何が「調和的」なのかは簡単でない。

ここで少し、私たちの自然認識をふりかえってみたい。「自然を守る」ということについて、どんなふうに考えられてきただろうか。

私たちが今「自然を守る」ということについて常識的に考えていることは、間違いなく歴史的に形成されてきたものだ。だからまずはいったん、そこを解きほぐしてみる必要があるだろう。

日本における「自然を守ろう」という考え方や運動の始まりをどこに置くのかについてははっきりした答はないが、たとえば、一九一九(大正八)年の「史蹟名勝《しせきめいしょう》天然紀念物保存法」に始まった天然記念物制度では、「学術上価値のあるもの」「日本特有のもの」「貴重なもの」の保護が目的とされた。また、一九三一(昭和六)年に始まった国立公園制度は景観の美しさを守ることが中心だった。

戦後、高度成長の時代に入り、開発の問題がクローズアップされ、公害反対運動が盛り上がった。そこでは「開発から自然を守る」、「開発によって絶滅のおそれのある貴重な動植物や景観を守る」ことが焦点となった。尾瀬(尾瀬国立公園)では、その貴重な景観を開発(水資源開発)から守ろうという運動が戦後すぐから起き、それをきっかけに日本自然保護協会が発足している(一九五一年)。このころの自然保護は、開発との対決という側面が強く、「原生自然」志向が強かった。

しかし、今振り返ると、守ろうとした自然が果たして「原生自然」だったかどうかは疑問が残る。おそらく、歴史的に人の手の加わっている自然についても、原生自然と仮想してそれを守ろうとしていたものが少なくなかったと思われる。原生かどうかはそれほど意識されることなく、とにかく「自然」を守ろう、というものだった。

そして一九八〇年代からは、欧米の運動の影響もあって、生態学という学問と自然保護が結びつけられるようになった。単に貴重な自然、貴重な動植物を守るということでなく、種の保全、そして種の向こうにある生態系、つまりはシステムとしての自然を守る、という方向への変化である。

生物多様性

さらに、一九九〇年代からは生物多様性（biodiversity）という新しい概念が取り入れられ、それを守ることが中心課題とされるようになった。この概念は一九八六年、米国の植物学者ウォルター・G・ローゼンが造語したものだ。ローゼンは、米国政府の生命科学審議会の主任研究開発官として、環境問題のフォーラムを大々的に開くことを企画し、その際、「生物学的多様性（バイオロジカル・ダイバーシティ）」から「学的（ロジカル）」を抜いて「生物多様性（バイオダイバーシティ)」という言葉を作った。この用語は、一九八六年九月、彼が企画した「生物多様性に関するナショナル・フォーラム」で意図的に使われた。フォーラムの様子は多くのメディアに取り上げられ、「生物多様性」という言葉がそこで一気に広まった。

ある科学者はこう回想している。「ワシントン会議でしたっけ? あれは明白に政治的な行事で、失われつつある種という複雑な問題を議会に知らしめるよう計画されたことは明白です。そしてあの言葉が造語されましたが、指摘すべき点は、あの言葉があのシステムにあの時点で、計画的に放り込まれたことです」(タカーチ『生物多様性という名の革命』に収められているダン・ジャンセンの回想より)。

日本でも少し遅れて、この言葉が普及する。新聞記事のデータベースで全国紙・地方紙の主なものを調べてみると、日本の新聞にこの言葉が最初に登場するのは一九九一年一一月一〇日の朝日新聞の記事のようである。生物多様性についてのセミナーが開かれるという記事だったが、記事の冒頭にはわざわざ「生物の多様性の保全——日本にはまだなじみが薄い言葉だ」と説明が添えられている。一九九一年の時点で「生物多様性」という言葉を使った記事はこの朝日の記事一本のみだが、翌九二年からは各紙で一気に増加する。九二年はリオ・サミット(国連環境開発会議)の年だ。全世界の政府やNGOが一堂に会しておこなわれたこの会議では、生物多様性条約が署名された。

一方、日本では、少し独自の自然保護運動が一九八〇年代から生まれていた。「里山保全」である。

里山保全という考え方

もともと里山という言葉は、江戸時代、人里近くの農用林や薪炭林《しんたんりん》など、人が日常の生活にかかわる林地という意味で用いられていたが(中村俊彦・本田裕子「里山、里海の語法と概念の変遷」)、再注目されるようになったのは、一九七〇年代以降と言ってよいだろう。

まず森林生態学者の四手井《しでい》綱英《つなひで》が、しばらく忘れられていた「里山」という言葉を積極的に使いはじめ、さらに農業環境技術研究所研究員(当時)の守山弘が一九八八年に『自然を守るとはどういうことか』という本を出したことが大きな画期となった。守山はこの本の中で、雑木林(里山)が単なる原生自然の代替植生ではなく、独自で重要な植生を有しており、それは日本列島(のとくに西側)が照葉樹林で覆われる前の貴重な植物・生物を温存していることを説いた。この本の冒頭に守山はこう書いた。

「自然保護運動はさかんだが、原生自然の保護を求める声にくらべ、雑木林を守ろうという声ははるかに小さい。〔中略〕「まもられるべき自然」とは、いっさいの「人為」が排除された原生自然以外のものではありえないのだろうか。〔中略〕「人為」によって維持されてきた雑木林は、けっしてまもるに価しないものでもなく、またたんなる代償植生にすぎないのではない」。

このような考え方は、今では珍しいものではないが、一九八八年当時にはとても新しかったのである。一九九三年には、そうした雑木林の保全にかかわる全国のグループが集まった第一回全国雑木林会議が名古屋市で開かれ、大いに盛り上がった。

生態系サービスという考え方

守山の著作より一〇年ほど遅れて、米国の環境経済学者ロバート・コンスタンザらは、一九九七年、『ネイチャー』誌に論文「世界の生態系サービスと自然資本の価値」を掲載し、生物多様性が人間の生活にとってどういうサービスをもたらしているかを評価することの重要性を打ち出した。「サービス」という用語は経済学者らしい言葉で、そのネーミングがよかったかどうかは別として、ここで提起された「生態系サービス」概念はその後広く受け入れられることになった。

生態系サービスには、まず、食料・水・木材のような「供給サービス」、気候・洪水・疾病《しっぺい》などに影響する「調整サービス」、レクリエーションや精神的な恩恵を与える「文化的サービス」、という人間に直接利益をもたらしてくれる三つのサービスがあり、そして、それらのサービスを裏で支える、栄養塩循環・土壌形成のような「基盤サービス」があるとされた。

この概念がより広く知られるようになったのは、二〇〇一年から国連のイニシアティブでおこなわれた「ミレニアム生態系評価」である。世界中の科学者が結集し、地球全体の生態系サービスがこの五〇年の間にどう増加したのか、あるいは減少したのかを、食糧、木材・繊維、遺伝子資源、淡水、気候調整、病虫害抑制、精神的価値といった分野別に評価した。それは地球温暖化問題での「気候変動に関する政府間パネル（IPCC）」の手法を模したものだった。この報告は『生態系サービスと人類の将来』として翻訳されている（またこのミレニアム生態系評価のあと、地域別の生態系評価も進められた。日本列島を対象にした生態系評価報告は、里山を中心におこなわれ、その報告は英語版と日本語版の両方が作られた。日本語版は『里山・里海――自然の恵みと人々の暮らし』として出版されている）。

「生態系サービス」評価の大事な点は、人間の生活、人間の福利（well-being）にとって自然がどういう価値を持つか、ということを生態系評価の軸に置いたことである。ウェルビーイングというのは、人間の健やかな生活を指す言葉としてたいへんよく使われる言葉だが、適当な日本語がない。幸福と言ってもよいのだが、福利と訳されることが多い。

人間と切り離して、自然そのものに価値があるかどうかという(たぶんややこしくなりそうな)議論を避け、とことん人間にとっての価値を考えることの提起だった。これが今日、国際的には環境保全を語るときの基準の一つになっている。

自然とは何だろうか

「貴重」なものの保護から、「自然」を開発から守る、そして生態学という学問の「裏づけ」による生物多様性保全へ、さらには「里山」保全、「生態系サービス」「人間の福利」へ。なぜ自然を守らなければならないのか、ということについての考え方も、このようにどんどん変化してきた。それは一見、考え方が「進歩」しているようにも見えるが、必ずしもそう考えないほうがよいだろう。科学的な理解が進むことが、本当の意味で理解が進んだことになるとは限らない。そもそも、「生物多様性」も「生態系サービス」も、純粋に科学的と言うよりは、政治や社会の流れの中から提案された概念である。

ここでもう少し立ちどまって、守るべき自然とはどういう「自然」なのかを考えてみたい。

私たちは人間が手をつけていないものを「自然」と呼ぶことに慣れてきた。実際には人間のかかわりが十分にあるにもかかわらず、人間が手をつけていない自然であるかのように見立てて、それを「守ろう」と言ってきた。今や、手をつけていない原生自然(だけ)を重視する視点は根拠を失っている。一方、だからといって人間が何をやってもよい、ということにはもちろんならない。どうも問題の置き方を変える必要がありそうだ。焦点は、人の手を加えてよいかどうかではなく、人間と自然のあるべき関係がどんなものかだ。

そのことを考えるために、私たちは何か補助線となるような概念を必要としている。人間と自然の相互関係の全体を議論できるような概念。そのようなものとして、この本では、「半栽培」という概念を導入してみたい。

5　半栽培

「半栽培」という考え方

南太平洋の小国、ソロモン諸島。人口五〇万人のこの国では、住民の多くが村で半自給自足的な生活を送っている。タロイモやサツマイモの焼畑が中心の生活だ。そのある村(マライタ島

アマウの若い葉を採集する(ソロモン諸島マライタ島)

アノケロ村)で、住民のエディさんが畑からの帰りに木の葉っぱを摘み、集めている。この地でアマウと呼ばれている木だ(クワ科の木で、学名は *Ficus copiosa*)。よく見ると、新芽の周辺の若い葉っぱを摘み取っている。エディさんがかかえる大きな袋は、すでにアマウの葉でいっぱいだ。ソロモン諸島では、昔から、このアマウの若い葉を食用に利用してきた。

アマウは林縁部《りんえん》によく生えている、天然の木である。アマウは、芽のところから若い葉を採っても、採った芽の脇からまた新しい芽が吹き出てきて、成長は続く。人間が、食べるために芽の部分だけを採っていれば、アマウが絶えることはない。

アマウは「自然」だろうか?

アマウは、誰が植えたものでもない。もちろん人間が改良した品種ではない。そうした意味でアマウは野生である。しかし、アマウはどこにでも生えているわけではない。村から離れた天然林のエリアまで来ると、アマウはほとんど見られなくなる。アマウが生えているのは、人里の周辺や道の周辺の主に林縁部に限られている。つまり、アマウは、完全な「自然」ではなく、人間の手が加わった自然に生えるものである。若い芽を採っても脇から新しい芽が出てくるという性質を利用して、その若い芽の付近の葉を、人間は食用として利用する。アマウの側はそれを逆に利用して、人間の手が入った二次的自然の中で、生き延びる場所（生態学的ニッチ）を確保している。

アマウのような植物を考えるとき、かつて民族植物学者、中尾佐助（一九一六〜一九九三年）が唱えた「半栽培」という概念が役に立つ。

少年のころ花を育てるのが好きで、植物図鑑をくりかえし眺めていた中尾佐助は、京都大学で遺伝育種学を学ぶ一方、名高き京大旅行部（のちの山岳部）で探検を繰り返した。研究者になってからは、植物と人間文化にかかわる幅広い研究をおこなったことで知られる。なかでも、一九五八年に日本人として最初に訪れたブータンの探検から着想を得た照葉樹林文化論は有名だ（中尾『秘境ブータン』）。これは、中国雲南省付近を中心として、西はネパール、東は日本列島までに伸びる照葉樹林文化帯に共通する文化があるとしたもので、一時大きな影響力を持った（現在では、さまざまな批判もある）。その中尾が、人類が採集から農耕へと至るプロセスの中で大事な段階として想定したのが「半栽培」だった。

半栽培とは何か。

中尾は、タイやマレーシアで居住地付近に広く見られる「野生サトイモ」に注目した。これは、栽培種のサトイモとは違うが、一方、本当の野生種のサトイモとも違うことに中尾は気がつく。このサトイモは群落を成しているが、野生の群落とは違って葉の色が違うものが混ざった混合群になっている（野生の群落は、同じ葉の色の群落になる）。中尾は、これらを、農耕文化の最初期に作物化が図られたサトイモの痕跡《こんせき》ではないかと考えた。現在こうしたサトイモは食べられていないが、最初期には食べられていたのではないか。これは、野生種とそれほど変わっていないが、人間の手が加えられた、いわば「半栽培」状態にあたるものだろう、というのが中尾の着想だった。日本のクリ、西アフリカのパルミラヤシなども同様な「半栽培」だと考えた（中尾「「半栽培」という段階について」）。

中尾はそこから、人類の栽培の歴史についてこう考えた。人類の狩猟採集生活から農耕への移行は、突然起きたものでない。その間に長い「半栽培」段階があったのではないか。人間が生態系を攪乱して、植物が反応し、それを人間が利用する、あるいは、そこから有用なものを残していく。そうした半栽培の長い「助走」期間があり、さまざまな試行錯誤によってゆっくりと農耕社会に移行していったのではないか。

さらに考察を進める中で、中尾は半栽培の三つの類型を導き出している。すなわち、(1)自然生態系のなかから特定の野生種を保護・利用し、さらに栽培するもの、(2)畑地の雑草の中から特定植物を保護、利用、栽培するもの、(3)いったん栽培化されたが、そこから「脱出」して野生化したのをまた人間が利用しているもの、の三つである(中尾「パプア・ニューギニアにおける半栽培植物群について」)。

中尾の「半栽培」概念は、私たちの自然を見る目を深めてくれる。自然なのか人工なのかという二分法ではなく、もっと自然を複層的に見ることを教えてくれる。

中尾の後継にあたる研究者らは、たとえば、中国の浙江《せっこう》省や安徽《あんき》省の畑を調査し、通常ならば作物の生育のために除草されてもよさそうな雑草が、除草されないままになっているのに注目する(梅本信也・山口裕文・姚雷「照葉樹林帯の一年生雑草における半栽培の風景」)。ベニバナボロギク、アキノノゲシ、ホナガイヌビユ、ノゲイトウといった「雑草」がそれなのだが、農民たちは、ちゃんとその存在を認識していて、わざと除草せず、さらには種子の散布にも手を貸してやっている。毎年一〇〜一一月にはこれらの雑草を「収穫」して乾燥し、豚の飼料として利用している。まさに半栽培である。

近年では、縄文時代の集落近くの植生、たとえばクリ林がこの半栽培に当たることが研究されている。青森県の三内丸山《さんない》遺跡では、この場所に人間が居住していた約五五〇〇年前から四〇〇〇年前にかけての時期の土壌から、クリ花粉の化石がそれ以外の時期に比べて格段に多く出土する。人間が集落を形成していたときにはそのまわりにクリ林があり、人間の居住が終わるとクリ林も消えたと推測される。三内丸山遺跡の縄文人たちは、栗の実を重要な食料源とし、また、クリの幹を重要な材として家や建築物に積極的に利用したのである（工藤雄一郎・国立歴史民俗博物館編『ここまでわかった！縄文人の植物利用』など）。

同様のことは、東京都の下宅部《しもやけべ》遺跡でも見られる。この遺跡のクリ林について研究した能城修一は、遺構に使われていたクリ材の年輪数を丹念に調べた結果、樹齢にかなりの幅があることを発見し、そこから、この遺跡の住民たちは粗放的とも言えるようなクリ林管理をしていた、と推測した。

能城は言う。「実証はできませんが、縄文人はおそらく少しずつクリが多い林を集落の周辺に仕立てていき、その中でクリを一斉に伐るのではなく、適宜必要な大きさの木を抜き伐って利用するというかたちで森林を利用していたのではないでしょうか」(「縄文人は森をどのように利用したのか」)。

縄文時代のクリ林の研究者たちは「半栽培」という言葉を使っていないものの(かわりに「縄文里山」という言葉を提起している研究者もいる)、これは中尾佐助の言う半栽培そのものだといえる。

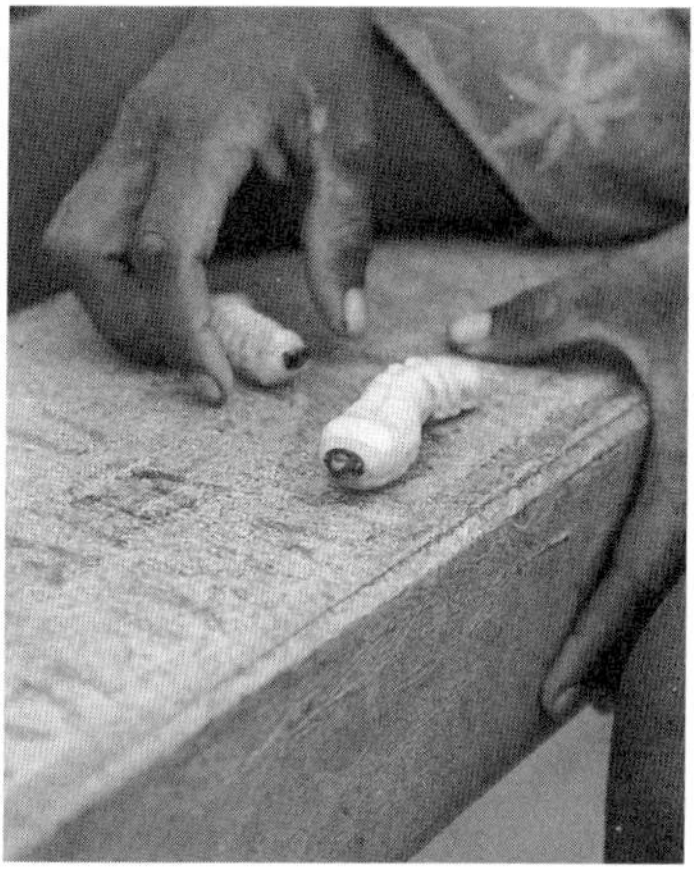
オサゾウムシの幼虫(ソロモン諸島マライタ島)

多様な事例

先ほどのソロモン諸島にも、半栽培の事例が豊富に見られる。

ソロモン諸島では、オサゾウムシ(*Rhynchophorus* sp.)の幼虫をよく食べる。この幼虫は、ソロモン諸島だけでなく、広く東南アジアからオセアニアにかけて食用に供されている。見た目は少しグロテスクだが、結構美味である。

このオサゾウムシの幼虫は、枯れたサゴヤシ

(*Metroxylon salomonense*)の幹に多く生息し、そのため、広く「サゴ虫」と呼ばれている。ソロモン諸島の住民たちは、サゴヤシが枯れると、それを倒し、放置しておく。すると次第に腐っていくサゴヤシの幹の中に、自然発生的にサゴ虫が発生する。それを集めて食料とするのである。人間はまったく自然に発生するサゴ虫を集めるのではなく、わざとサゴヤシの幹を倒して腐らせ、意図的にサゴ虫を発生させる。とはいえ、サゴ虫にエサをやって育てるわけでもないので、家畜ではない。ましてや牛や豚のように人間がサゴ虫の遺伝的な形質に介入しているわけではないし、品種改良しているわけでもない。サゴ虫そのものはあくまで「自然」のものだ。しかしその自然がうまく繁殖してくれるよう、若干の介入をしている。介入しているのはサゴ虫そのものに対してではなく、その生息環境《ハビタット》に対してだ（多くの半栽培は生息環境への介入によって成立している）。

人間が長い年月をかけて遺伝的な形質にまで介入した動物は、「家畜」と呼ばれる。植物ならば「栽培植物」「栽培種」である。野生から家畜や栽培植物へのプロセスは、ドメスティケイション（家畜化・栽培化）と呼ばれる。家畜や栽培植物と「野生」との違いは、人間が生殖に介入しているかどうか、それによって遺伝的な形質が変化しているかどうかにかかっている。人間が、種の一部を囲い込み、生殖を管理する（たとえば種雄《たねおす》を限定する）ことにより、人間にとって都合のよい形質へ向けて人為的に淘汰させる。とはいえ、家畜史の専門家たちが指摘するように、そのプロセスは単純でなく、野生に戻ることもあるし、「完全な家畜化」が完了しないこともある。家畜化とは「結果」というよりも動的なプロセスである（在来家畜研究会編『アジアの在来家畜』）。そのプロセス全体もまた半栽培と考えれば、野生と家畜・栽培植物の間には、実に広大な半栽培の海が存在している。

ソロモン諸島での半栽培の例を、さらにもう一つ挙げてみよう。

ハイイロクスクス（ソロモン諸島マライタ島）

それはハイイロクスクス（*Phalanger orientalis*）という有袋類の小動物である。この動物は、森林の中に生息していて、住民はそれを捕獲して食料にする。人間が飼育している動物ではない。

しかし、このハイイロクスクスは実のところ、昔からソロモン諸島に生息していたものではない。人類がソロモン諸島に住みはじめたのは約四〇〇〇〇年前と言われるが、ハイイロクスクスが導入されたのは、それ以降のことだということがわかっている。人間がなぜハイイロクスクスを連れてきたのか不明だが、食用として森に放したと考えることも可能かもしれない。家畜として連れてきた豚や鶏とともに、半野生状態で食用として利用することを考えてハイイロクスクスを導入したとも考えられる。

長年インドネシアのセラム島の内陸山地部で調査している北海道大学の笹岡正俊さんは、このハイイロクスクスについて、住民がその生息環境を整えてやっている様子を報告している。セラム島のハイイロクスクスは、さまざまな樹木の実や葉を食べたり、樹液をなめたりしている。ハイイロクスクスを重要な狩猟対象としている住民たちは、こうした樹木を積極的に保育している。森でこうした樹木を見つけたら、その周囲の植生を刈り払ったり、近接する樹木の樹皮を剝《は》いで枯死させたりして、成長をうながしている。そこに罠をしかけて、ハイイロクスクスを捕獲するのである（笹岡『資源保全の環境人類学』）。

ソロモン諸島でもインドネシア・セラム島でも、ハイイロクスクスが生息する森は、「原生自然」の熱帯林に見える。しかし、そこにもやはり人間の積極的な関与、あるいは、人間と自然との相互関係があることがわかる。

この章の冒頭で紹介した宮城県石巻市の岩のり採集も、まさに半栽培だった。単に自然に生えている岩のりを採っているだけでなく、岩の面積を増やしたり、ノリの胞子を岩に注いだりといった人間のかかわりがあった。

日本列島のいわゆる里山は、そうした半栽培の宝庫である。人間が伐採したあとも萌芽更新で成長するクヌギ、そのクヌギの樹液を求めて集まるカブトムシ。人間と自然との相互作用、つまりは半栽培が、私たちのまわりの自然を形成してきた。

三つの半栽培

中尾佐助の「半栽培」概念は、野生から栽培種への長い移行過程として提案された概念だった。しかし、この本で挙げてきた半栽培は、必ずしも栽培種への移行過程というわけではない。この本で言う「半栽培」概念を少し整理しておこう。

半栽培には三つある。

一つは、栽培化のプロセスの途上という意味の半栽培。中尾佐助が想定した半栽培は、これである。

栽培化(ドメスティケイション)とは、人間にとって都合のよい個体や個体群を選択的に選んでいくことによって、長い年月をかけて品種改良していくプロセスである。たとえばイモならば、可食部分が大きい個体を選んでその種を植えて育てるというプロセスを続ければ、長い年月の中で、ますます大きな可食部分をもつ遺伝子のイモが選択されていく。これがまだ「完成」されず中途であるのが、栽培化のプロセス途上という意味での半栽培である。

しかし、これは半栽培の一つにすぎない。これまで挙げてきたさまざまな例、たとえば、ソロモン諸島のアマウの例は、これには当たらない。アマウの例は、人類が直接生物に働きかけるというより、生息環境《ハビタット》を改変することで、その植物の生育状況に影響を与えるやり方である。これが半栽培の二つめである。

サゴ虫の場合もそうだったし、縄文時代のクリ林もそうだったように、実は多くの半栽培は、栽培化のプロセス途上というより、この生息環境の改変によっている。遺伝子の選択というより、生息環境を整えてやる(たとえば他の植物を刈り取って、特定の植物がよく生育するような環境を整えてやる)ことで、人間に都合のよい植生状況、生息状況にする、というのが、半栽培のかなりの部分を占めている。もちろん生息環境を改変することは、栽培化や家畜化をうながすことにもなりうるので、この二つの半栽培は結びついているのだが、理論的にはわけたほうがよい。

そして三つ目の半栽培は、人間の認識が変わることによる半栽培である。

たとえば、同じ生息環境の改変であっても、それを意識的に改変しているか無意識の改変かによって半栽培の程度は変わってくる。あるいは、無意識の改変であっても、その結果、人間にとって都合のよい状態になった場合、それを意識的に維持しようとするか、それともとくに意識していないかというところで違いが出てくる。極端な話、自然の側が物理的にまったく変わらなくても、人間の側の視点が変わることで、実質的に半栽培になることがある。ある植物をわざと放置しておく、というとき、それはある意味で生息環境の管理になるのだが、それがわざとでなく偶然そうなっているだけならば、「野生」ということになる。

栽培化のプロセス途上としての半栽培、生息環境の改変による半栽培、人間の認識の変化による半栽培。この三つの半栽培は相互に関連しており、またからみあっている。一つ目の半栽培中心の場合もあるだろうし、あるいは、二つ目の半栽培中心だが一つ目、三つ目の要素も一部含まれるような半栽培もあるだろう。

世界には、さまざまな半栽培が存在している。それはつまり、人間と自然との関係、相互作用が、実に多様であることを示している。半栽培に幅を持たせるならば、地球上の自然のほとんどの部分は半栽培であり、そのバリエーションはまことに多様である。そしてその総体こそが、私たちをとりまく自然である。

半栽培のダイナミズム

半栽培として自然を見る場合にさらに大事なのは、その人間と自然との相互作用が静的なものではなく、動的なものであるということだ。半栽培は、時間軸と空間軸の両方でダイナミックに変化している。そのことを、再び北上川のヨシ原からみてみよう。

北上川河口地域のヨシ原は、河川工事の結果、昭和初期に登場して以来、さまざまな使われ方をしてきた。昭和初期以来、今に至るまでずっと刈り取られてきた、と、とりあえずは言えるものの、実際には、その刈り取られ方も、その頻度も、時期や場所によってずいぶん違う。

私はこの地域の多くの人たちに話を聞き、このヨシ原がどんなふうに利用されてきたのかを明らかにしようと試みた。調査を始めたとき、私は漠然と、屋根材としてヨシ原を利用してきたのが近年その利用が減った、くらいに想定していたのだが、その想定はだいぶ違っていた。想像以上のダイナミズムが、そこにはあった。

ヨシ原は北上川の河口から上流に向けて一〇キロの河岸に広がっている。汽水帯《きすいたい》(海水と淡水が混じりあう地帯)が続くエリアだが、その汽水の程度も水位も河口部と内陸部では違う。それがヨシ原の生え具合にも影響を及ぼす。水位は時代によっても違う。北上川下流部の水位は人工的に制御されているため、その方針が変われば水位も変わるのである。さらには、場所によ

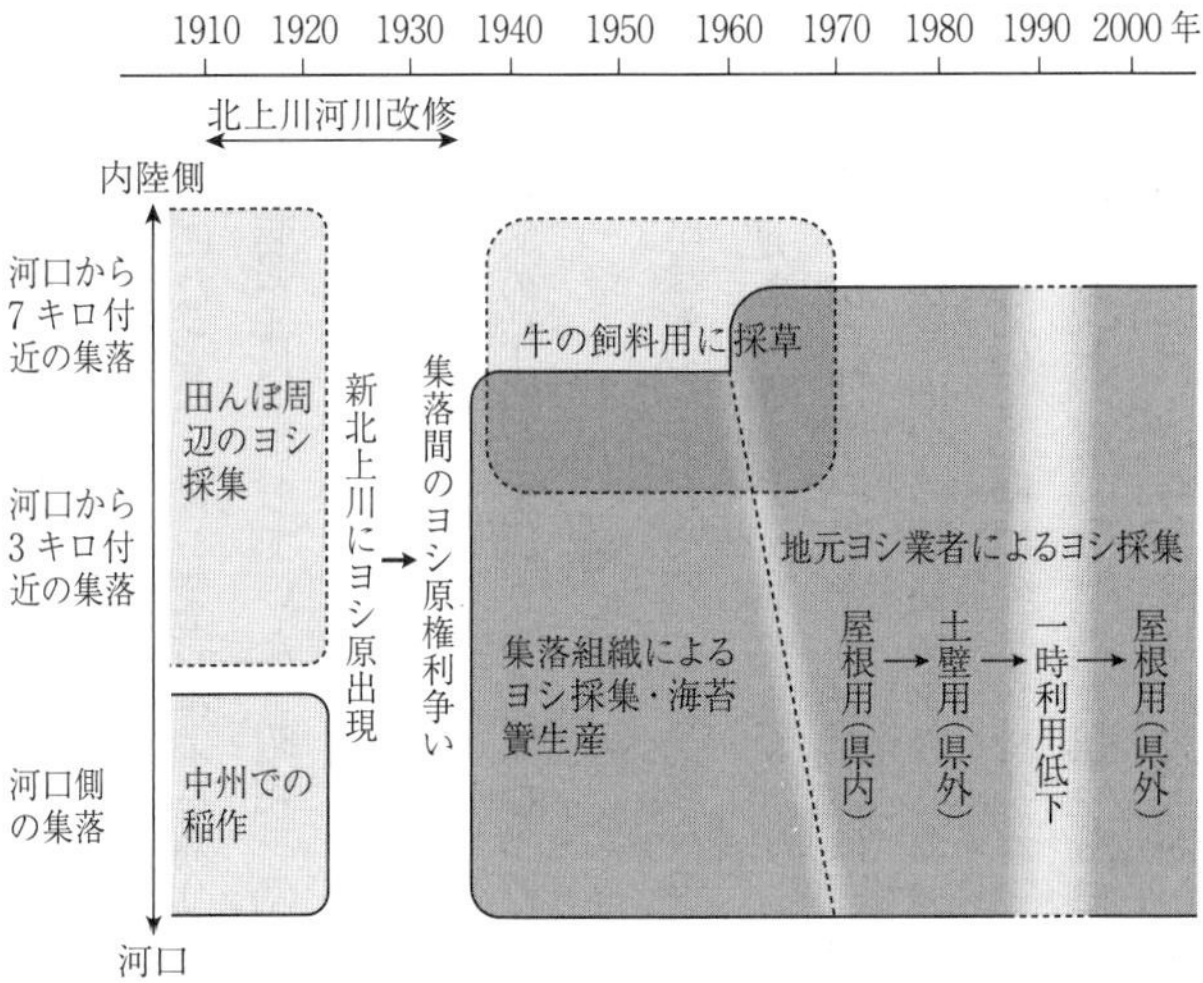

図4　北上川河口地域におけるヨシ利用の変遷
注：色の濃淡は利用の頻度を表す

って時代によってヨシの経済的価値も変わってくる。各集落の歴史的な状況によっても利用法は違っていた。私は、周辺の多数の集落で話を聞く必要があった。

地域のあちこちで話を聞き、それをいくらか単純化してまとめてみたのが、図4だ。

河川改修前、ヨシはもともと田畑のまわりによく生えていた。絶対量はそれほど多くなかったが、それでも屋根を葺《ふ》くのに住民は大いに利用していた。先に述べた通り、明治から昭和にかけて北上川の大工事がおこなわれ、その結果、新しく広がった河川敷に大量のヨシが出現した。河口側の住民たちは、これを海苔簀用に刈り取った。一方、上流側のエリアでは、堤防に生えている草を家畜（牛）用の草刈り場として使った。

住民自身による海苔簀用のヨシの刈り取りと並行して、ヨシ業者による刈り取りもおこなわれるようになった。ヨシ業者による刈り取りは、屋根用だったが、土壁用に一時移った。これは県外需要を背景にしていた。昭和三〇年代からヨシ業者としての仕事を始めた佐藤健児さん（一九四一年生まれ）は、こう語る。


親父の仕事を手伝うようになったのは昭和三三年ごろ、一六歳のときですね。運転免許をとってオート三輪に乗ったんです。それでヨシを運びました。そのころは佐沼〔現在の宮城県登米市にある〕へ、たくさんカヤを出していたんです。そのころですね、屋根用と壁用が逆転し始めたのは。

親父から仕事を引き継いだのは、昭和四七年くらいですかね。引き継いだときは、もうなかなか県内での需要が少なくなってましてね。それで長野県の軽井沢の商売の人と付き合いました。土壁用のヨシですね。新潟でヨシの需要があったのは、第一次オイルショックのころでした。土壁だと強いんです。土壁の中に、横も縦もヨシが相当つまってて、それが強くて。でも土壁は建設工期が長くなってしまうので、次第に少なくなりました。最盛期はトラック三〇台分出荷していましたね。

ヨシ刈りの量も次第に少なくなっていったが、一九九〇年代からまた屋根材用の本格的なヨシ刈りが再開されることになる。

一方、下流側のいくつかの集落では、戦前から海苔簀用のヨシの刈り取りがおこなわれていた。屋根用のヨシは伸びきった冬に刈り取るが、海苔簀用のヨシは、まだ青い夏の間に刈り取り、加工された。しかし、海苔簀用のヨシ刈りも一九六〇年代以降なくなり、やはり一九九〇年代以降、屋根材用のヨシ刈りが復活する。

社会経済の変化、自然の変化など、さまざまなものが折り重なることで、図4にみるようなヨシと人間のかかわりの空間的・時間的な多様性が現れる。

竹林の変遷

このような半栽培のダイナミズムは、少し注意すれば、どこにでも見られるものだ。北九州市合馬《おうま》地区の竹林の事例も、それをわかりやすく示してくれる。

合馬地区はたけのこ生産で有名だ（「合馬のたけのこ」といえばブランド）。合馬の竹について詳

合馬の竹

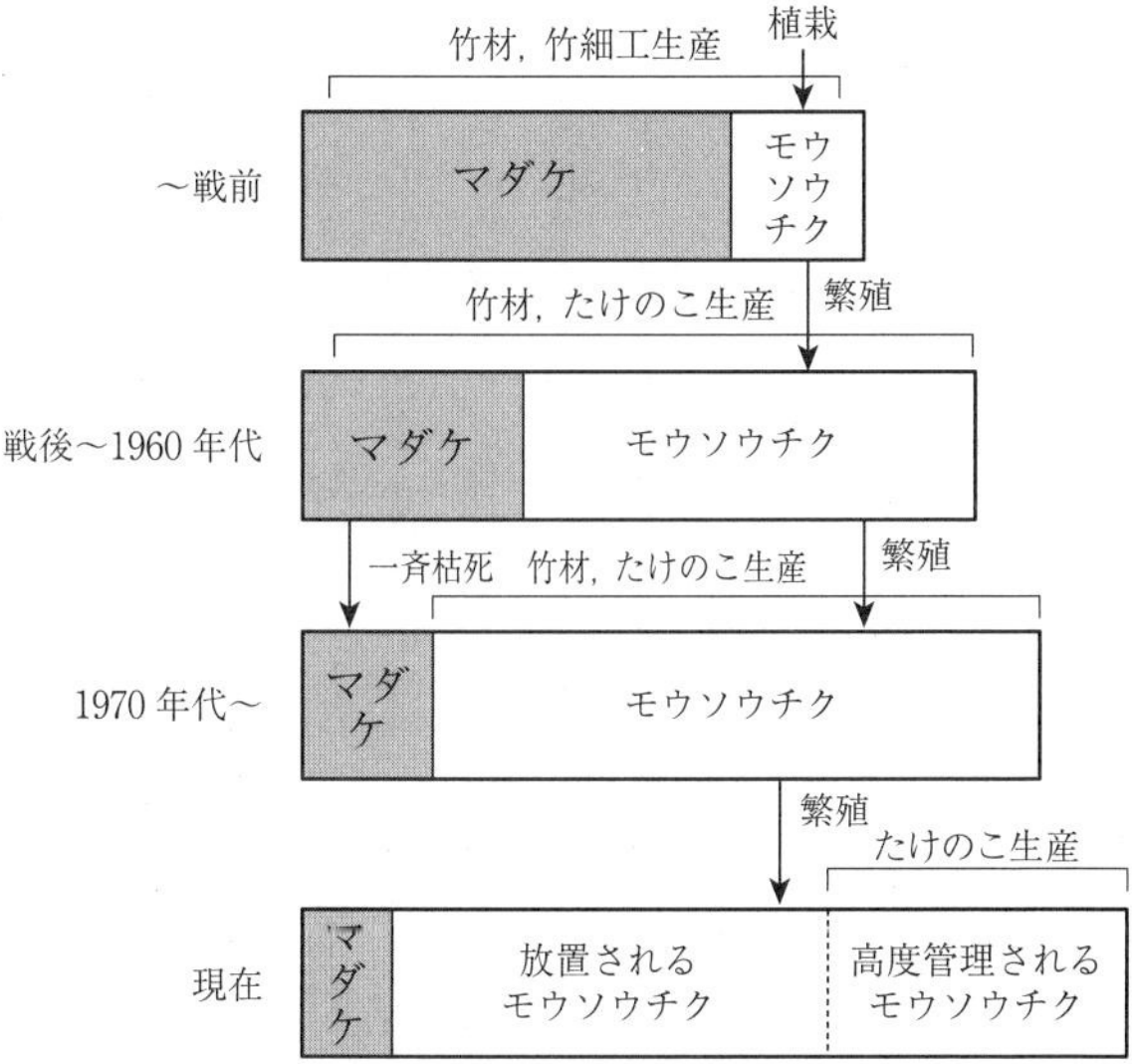

図5　合馬地区における竹林の変遷
出典：岩松文代「揺れ動く竹の半栽培」の図を改変

しく調べてきた北九州市立大学の岩松文代さんの研究によると、この地区の竹とのかかわりは時代によって変遷している（岩松「揺れ動く竹の半栽培」）。

もともと合間地区ではマダケ（日本の在来種。しかし、古い時代の移入種との説もある）のほうが面積的にも広く、とくに大正から昭和にかけてはマダケを使った竹ザル・竹カゴ生産が盛んだった。しかし一方でモウソウチク（江戸時代に中国から日本に移入された）も竹ザル生産のために重要だったため、モウソウチクが積極的に植えられるようになった。

戦後、モウソウチク林からのたけの

こが缶詰用に出荷されるようになり、一方で、マダケを使った竹材生産は少なくなっていった(一九六五年前後に起きた、マダケの一斉開花による枯死が、それに追い打ちをかけた)。モウソウチクは繁殖速度が速いが、当初はその繁殖を利用して、たけのこ生産を拡大させていった。しかし、近年は、たけのこは一部のモウソウチク林からしか採らず、それ以外のモウソウチク林は放置状態である。今日たけのこを採っている竹林は、客土したり、丈が数メートル伸びたタイミングで竹の先を落とす「ウラ止め」をおこなうなどの積極的な管理をしている。高度な管理をしているモウソウチク林とまったく放置して拡大するに任せているモウソウチク林とに、現在二極分解しているのである(前ページの図5)。

つまり、北九州市合馬地区では、竹林を継続して利用してきたことは変わりないのだが、マダケかモウソウチクか、積極的に竹林を管理しているかどうか、という点で、時間的にも空間的にもずいぶん変化してきた。

竹というのはおもしろい植物だ。マダケやモウソウチクといった、人間が積極的に利用してきた竹も、一見栽培しているかに見えながら、人間はその繁殖とうまくつきあってきただけなのである。

竹は、通常の栽培植物のように品種改良された歴史を持っていない。人間はいろいろな植物について、有用な系統を長い年月かけて選抜するという形で品種改良してきたのだが（栽培化＝ドメスティケイション）、竹はそういうプロセスを経ていない（特徴的な形状にするなどの品種改良は、一部例外的におこなわれている）。しかし、人間は竹を積極的に利用してきたし、植栽《しょくさい》もしてきた。竹の専門家はそれを、「人間は野生状態そのままでタケを利用してきた。人間は彼らを飼い馴らしてきたというよりもむしろ、彼らが持つ野生をなだめすかして利用してきた、というべきではないのだろうか」（小方宗次・柴田昌三『ネコとタケ』）と表現している。

人間は、竹の自然の力に任せながら、それをうまくコントロールしつつ（竹の側からすれば、人間のかかわりをうまく利用しながら）積極的につきあってきたと言えるだろう。その意味で竹は典型的な半栽培植物である（先ほどの第二の半栽培と第三の半栽培が混在している）。そして合馬地区で見たのは、その半栽培のありようが時代によって絶えず変化している様子だった。

自然を守ろう、しかし、自然とはいったい何なのか、と考えて陥穽《かんせい》に陥ってしまいがちな私たちを、「半栽培」という概念はうまく救ってくれる。私たちが「守る」べきは、無垢の自然ではなく、以上見てきたような多様な半栽培であり、自然と人間との間の多様で動的な関係である。

6　伝統的知識

自然保護は、ときに住民への抑圧になる

こうした半栽培への理解がないと、「自然を守ろう」は「自然から人間を排除しよう」ということになり、ときに住民への抑圧にさえなる。とくに発展途上国においてその危険性が高く、また、実際にそういう傾向が強い。

早稲田大学の岩井雪乃さんは、ウシ科の野生動物ヌー（*Connochaetes taurinus*）が一〇〇万頭生息することで有名なタンザニアのセレンゲティ地域で、自然保護政策が住民の生活を圧迫してきた様子を報告している（岩井『参加型自然保護で住民は変わるのか』、「自然保護と地域住民」など）。

この地域にはいくつもの民族グループが存在しているが、岩井さんが調査しているイコマという民族は、もともとこのセレンゲティ地域で農耕・牧畜・狩猟を組み合わせた生活を営んでいた。そのなかでも、ヌーの狩猟は、生活を支える大事な生業《なりわい》だったし、交易品としても重要だった。しかし、イギリス植民地時代の一九二一年、狩猟に対する規制が始まった。住民の伝統的な狩猟方法（弓矢猟や罠猟《わなりょう》など）は禁止され、銃による狩猟のみが許可された。さらに一九

五一年、セレンゲティが国立公園に設定されると、イコマを含む数千人の住民が軍隊によって強制的に公園区域の外へ移住させられた。

一九六〇年代に独立した新生タンザニア政府は、植民地時代の保護規制を継承し、加えて、野生動物を観光資源にして外貨の獲得をめざした。先進国からの資金援助により「密猟」防止のパトロールは強化された。銃のみが許可されるのは、銃による猟が野生動物管理にとって最も効率的であり、また、動物に与える苦痛が少ないから、というまことに欧米的なバイアスのかかった理由だった。住民たちに銃を手に入れる経済的な余裕はなく、パトロールにひっかからないような、ワイヤーや懐中電灯を使った猟へ独自にシフトしていったものの、猟自体が次第にむずかしくなった。

住民が生存のためにおこなってきた狩猟が欧米的な観点による自然保護政策のなかで否定され、抑圧されたのである。

自然保護難民

政府によって決められた自然保護区内に住む住民の生活が制限されたり、ひどいときには追い出されたり、ということは、世界中で頻繁に起きている。「自然保護難民（コンサベーション・

レフュジー)」、というのが彼らに冠された呼び名だ。

たとえば、米国の研究者によると(Cernea and Schmidt-Soltau, "Poverty Rsiks and National Parks")、中央アフリカでは一九六〇年代から現在まで、自然保護区が増えつづけ(現在二十数万平方キロメートル)、そこから追い出される人びとや、やむなくその土地を離れる人びとが増大しつづけた。その数、一〇万人(二〇〇二年までの累計)。同様のことは世界中で起きており、現在世界には数百万人の自然保護難民がいるとも言われている(Geisler, "A New Kind of Trouble")。

保護地区の指定が増えると、それにともなって、追い出される、あるいは土地利用が制限されるという事態が生じる。そしてそのことは、土地の喪失、共有地の喪失、生業の喪失、収入の減少、食料の不安定化など、複合的な被害をもたらす。保護区指定にともなう立ち退きに対する補償は、ほとんどの場合まったくないか、あってもたいへん限定的である。

イギリスの人類学者ダン・ブロキントンは、タンザニアのムコマジ国立公園における自然保護難民の実態について詳細な研究をおこなっている(*Fortress Conservation*)。ムコマジ国立公園はタンザニアの北東部、ケニアとの国境に位置し、草地とアカシア-コミフォラ林のモザイクの景観である。その周辺人口は、牧畜民や農耕民を中心に四~五万人に及ぶ。

調査中、ブロキントンは、牧畜民たちのこんな声を多く聞いた。

「私たちは移動したくはなかった。しかし力ずくで移動させられた。家も焼かれた。ただ道路に放り出された。私たちは追い出されたのだ。政府は〔放牧している家畜の〕牛は追い出さなかったが、しかし、多くの牛は死んでしまい、私たちは大損した」。

ブロキントンの詳細な調査研究によると、もともとこの国立公園の敷地内は、草の質がよく、牧畜民たちにとって生産性の高い土地だった。そこを追い出され、牛の数は減り〔出産率の低下や病気による〕、彼らの生活水準は確実に低下した。それは、この地域の経済状況の悪化も招いた。代わりに期待された観光収入はほとんど増えず、農民たちには何の利益ももたらさなかった。

このような事態が起きるのは、「人間の手が及ばない自然を守る」という原生自然幻想がいまだに強いことが、その原因の一つになっている。「保護」は、なるべく人間の手が加わらない、狩猟をしない、農耕をしない、居住しない、をめざすことになってしまう。

原生自然ではなく半栽培の重要性に気がつけば、その半栽培の多様性が何によってもたらされてきたのかがわかる。それは、人間の生活や生業が生みだす自然との間の多様な関係である。守らなければならないのは、幻想上の手つかずの自然ではなく、具体的な人と自然の相互関係のはずだ。

ムコマジ国立公園について、ブロキントンは、そもそも牧畜民たちを追い出すことで自然が守られたのかということについても検証を加えている。それによると、人間の活動(ここでは放牧)がこの地域の自然を低下させていたということはなく(少なくともそれを支持するデータはなく)、もともと乾燥気候のため飼える牛の数には限りがあり、したがって、それに政策的な制限を加える必要はないと結論づけている。むしろ、住民たちの長い間の生計活動がこの地の生物多様性を維持してきた可能性もある。

このあたりをもっと詳しく検証したのが、ジェームズ・フェアヘッドとメリッサ・リーチの有名な著作『誤読されたアフリカの景観』だ。この本で二人は、西アフリカ・ギニア共和国のキシドゥグ県の自然がいかに人間の活動によって成立したものかを明らかにして反響を呼んだ。

この地は、落葉性広葉樹とサバンナがパッチ上に広がっているが、植民地時代から外部者は、この地がもともとは森に覆われていて、それが人間の活動によって少なくなり、サバンナ化したと長く「誤読」してきた。フェアヘッドとリーチは、口承・歴史資料・地図・写真といったデータを駆使して研究し、このエリアにパッチ上に広がる森が、実は人びとが生み出してきた森であることを明らかにした。住民は、サバンナに多い野火から自分たちを守るために、また、さまざまな林産物を得るために、森を作ったのである。家畜を飼い、農耕をおこなうことで、土壌を肥沃化させて木を生えやすくし、さらに燃えやすい草を家畜に食べさせて野火を防いだ。家畜（主に牛）が草を食べることは、選択的に残された樹木の生長もうながす。住民たちはそうしたことに十分意識的であり、そうやって森を形成していった。まさに熱帯の里山、熱帯の半栽培である。

伝統的な生態学的知識

サバンナの住民たちのこのような巧みな技術には、目を見張るばかりだ。人間は、道具を使い、頭を使いながら、自然との関係を築き、それによって食料を獲得し、生き延びてきた。気候変動などによって自然の側が変われば、人間はそれに合わせて技術を変化させてきた。何らかの理由で移住した場合、技術もそれに適応させてきた。自然がどのようになっていて、何が使えて何が使えないか、どこをどういじるとどういう変化が生じるか、といった認識や知恵、さらには、その自然の利用のために道具を作り、使う、その総体が「技術」である。半栽培と技術とは表裏一体の関係にある。

多くの人は、狩猟採集から農耕へ、という単純な図式を描きやすいが、実際はそんな単純なものではない。狩猟採集と農耕は実際にはそれほどはっきりした境があるわけではなく、両者を含めた分厚いいとなみの束《たば》が存在し、それを通して人間は自然との多様なかかわりを続けてきた。

このような歴史的につちかってきた自然に対する技術や知恵の束について、近年では「伝統的な生態学的知識(TEK Traditional Ecological Knowledge)」という言葉が国際的に定着している。もともと、文化人類学者たちの研究によって、地域の住民たちが伝統的に持っている自然についての民俗知識はよく知られており、民族科学(エスノ・サイエンス)などと呼ばれていた。先住民は、近代科学とは違う、しかし、生活するに足る独自の科学の体系をもっている、というのである。

民族科学に関する日本の代表的な研究者である秋道智彌さんが、一九七〇年代におこなった調査から一つ例を挙げよう(秋道「〝悪い魚〟と〝良い魚〟」)。

秋道さんは、ミクロネシア・カロリン諸島のサタワル島の人びとが、彼らの生活の基盤である魚類についてどういう分類や認識をしているかを報告している。それによると、サタワルのマアン(maan)という言葉は、動物と人間の全体を指すこともあれば、動物の一部(鳥・昆虫)+人間の一部(妊婦、病人、月経時の女性、泥棒、強い人)を指す場合もある(後者の場合は「普通の人間」は別のヤラマス(yaramas)という概念になる)。また、マアンの下位概念としてイイク(yiik)という概念があるが、これには硬骨魚類やクジラ、イルカなどが含まれ、そこから先の分類は、魚の生物種と対応している(場合によっては複数の種が同じ名前で呼ばれる)。しかし同時にイルカ、クジラ、それに硬骨魚類のなかでもサメやウツボ、エイは、「人間(yaramas)である」とも認識されている。さらに、たとえばイキウェリマ(yikiwerima、毒魚の意味)という概念が、フグ、バラハラ、ヒラアジの一種などを含むカテゴリーとしてあるなど、食べられる魚かどうかといった魚の機能に沿ったさまざまな概念を持っている。

こうした分類は、科学的な分類に慣れた私たちには多少わかりにくいし、汎用《はんよう》性はないかもしれない。しかし、確実に人びとの生活から出てきた、精緻《せいち》な認識の体系である。人びとは、その体系をもとに自然との関係を取り結んでいる。長い間の彼らの生活は、そうした知の体系、つまりは「科学」によって成り立っている。

地球環境問題や資源管理問題がクローズアップされるなかで、あらためてこの民族科学が注目され、「伝統的な生態学的知識」という言葉が好んで使われるようになった。また、近代科学による資源管理によって周辺に追いやられそうになった先住民がみずからの権利を主張するためにもこの概念が利用されるようになった、という背景がある。

伝統的な生態学的知識論者の代表格フィクレット・ベルケスは、伝統的知識についてこう解説している。「この概念が意味するところは、種など環境にかかわる現象についてのローカルで経験的な知識の束である。それはまた人びとが農業、狩猟、漁撈《ぎょろう》などの生業を営むその実践の束である。さらには、生態系の中で自分たちがどういう役割にあると考えるのか、また、どう自然と関係を切り結ぶのかということについての信念の束でもある」(*Sacred Ecology*)。

もちろん伝統的な生態学的知識も変化する。住民の生態学的知識が、外部からもたらされた「科学的」知識を取り込んで変化するという例はよく報告されている。だから「伝統的」な知識という言葉より「先住民の(indigenous)」知識、あるいは「ローカルの」知識という言い方を好んで使う人も少なくない。

伝統的な生態学的知識の議論が示唆しているのは、自然を考える、半栽培を考える、ということがすなわち人間の生活や生業を考えることと一体だということだ。自然と人間とは、一つのものとして、あるいはすくなくとも同時に、考えられなければならない。

自然とは何か、という問いはしばしば私たちを悩ませる問いだ。しかし、現実の世界、現実の歴史を見るとき、その問いそのものを変える必要がある。人間と切り離された形で自然を考えるのでなく、自然と人間の関係の歴史はどうだったか、それを踏まえて地域における自然と人間の関係の今後はどうあるべきか、それが私たちの問いになる。私たちをとりまく「自然」は実に多彩な半栽培の海であり、人間と自然の間の動的で多様な相互関係だった。

しかし、この議論だけでは、まだ何かが足りない、と思う。この章で考えてきたのは自然と人間との関係だった。しかし、人間は一人で自然とかかわることはできない。人間と自然との関係には、つねに人間と人間との関係、つまりは「社会」がからんでいる。

いかなる人間と人間との関係が、人間と自然との関係において重要なのか。いかなる社会のあり方が、自然のあり方に決定的な意味をもつのか。これからの自然について考えたいこの本では、そのことが次の中心的な議論になるはずだ。

次の章でそれを考えていきたい。

第2章
コモンズ
地域みんなで自然にかかわるしくみ

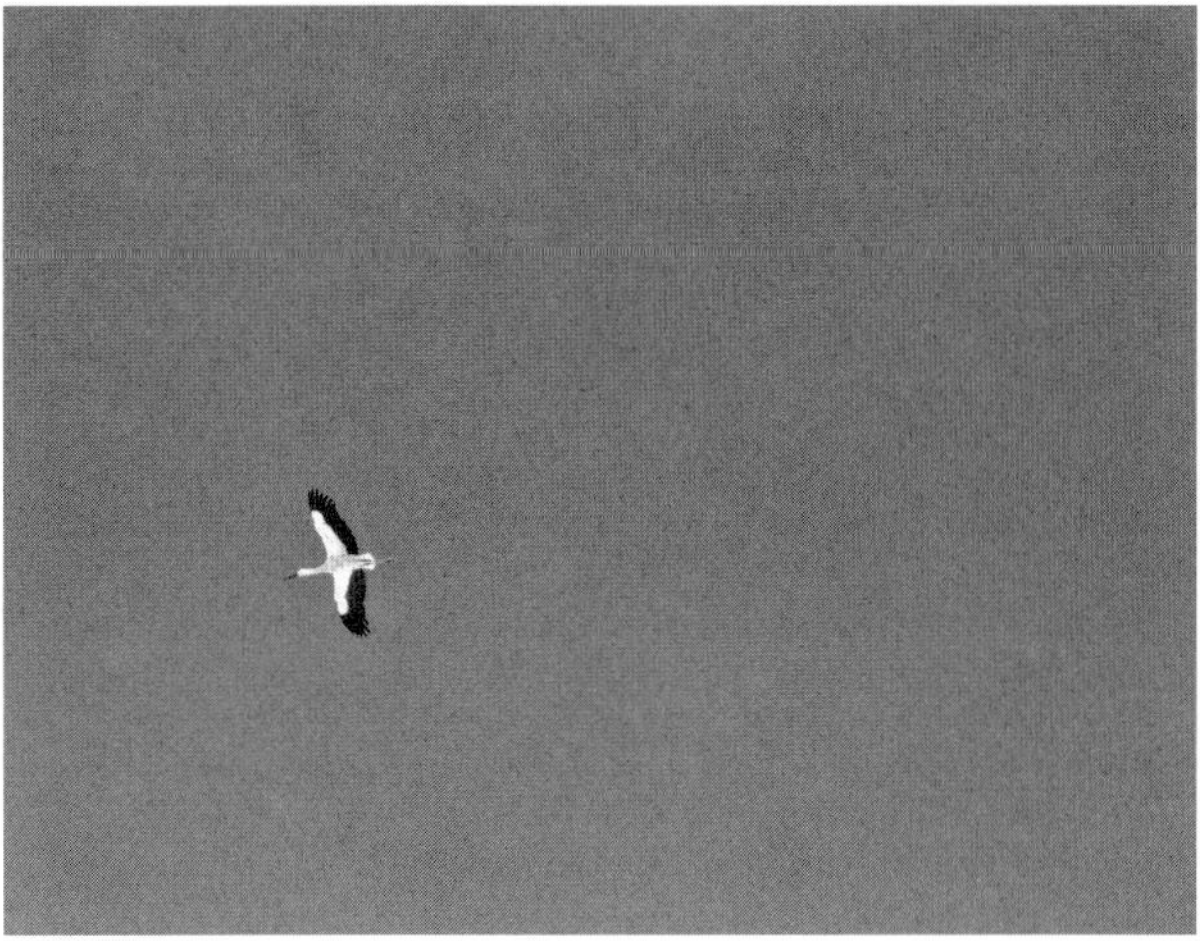

1　自然と社会組織

磯物と契約講

再び、石巻市北上町の磯物採集の話をしよう。

北上町では、ノリ、フノリ、マツモ、ツノマタ、ヒジキ、テングサなどの磯物採集が盛んだった。しかし、誰もがいつでも採れたわけではない。そこには厳然たるルールがあった。

北上町小滝の遠藤栄吾さん（第1章冒頭に登場）は、こう語る。

　磯物には開口《かいこう》〔解禁日〕があってね。フノリは二～三月ごろ、ヒジキは三～四月ごろの開口時期にのみ採ることができます。繁殖時期には採らせません。開口は契約講《けいやくこう》が決めます。〔集落のテリトリー内の磯場では〕集落の者しか採ってはいけません。昔はよそから磯物を盗みに来る者がいたので、契約講で監視員を立てていました。磯場はわれわれの「田」だったのですから。

第1章で見たのは、人間と自然の間の動的で多様な相互関係であり、その半栽培の全体が私たちをとりまく自然であることだった。しかしながら、人間と自然の相互関係、というとき、実際に自然とかかわっているのは抽象的な「人間」でない。かかわっているのは生身の個人だ。生身の個人は、その人が生きる歴史の蓄積のなかに存在している。歴史や社会から離れて人間が自然にかかわることはできない。

遠藤さんも、社会や歴史と切り離されて突然、磯物採りを始めたのではない。磯物を採る地域の歴史と文化があり、どう磯物を採るか、どう磯物を採ってはいけないか、地域の取り決めがある。

遠藤栄吾さん

遠藤さんが語る開口（口開《くちあ》けとも言う）とは、採集の解禁日のことだ。それを契約講というものが決めるという。契約講とはなんだろうか。

契約講（契約会とも言う）とは、東北地方の一部に存在している集落ごとの伝統的な自治組織である。宮城県（とくに旧仙台藩）と山形県（とくに旧米沢藩）に多いと言われている。祭祀《さいし》から相互扶助まで、集落内のさまざまなことがらについて決定し、実行する、文字通りの自治組織である。

北上町には一三の海辺集落があり、十三浜と呼ばれている。その浜の一つひとつに契約講がある。この契約講が、磯物の解禁日について責任をもっている。

おもしろいことに、磯物の管理ルールは各集落一様でない。

たとえば集落によっては、磯物を契約講みずから採集していたところもある。通常は契約講が開口を決めて、あとは各世帯がそれぞれそのルールの中で採るのだが、それを契約講の仕事として採集するのである。たとえば、十三浜の相川集落では、少し前まで、ヒジキに限って契約講で共同で採っていた。

相川集落で契約講の役員もしていた遠藤誠一さんは、こう解説してくれた。


ヒジキは春に採るのです。私が契約講の役員をやっていたときは、ヒジキは共同で採って契約講の収入にしていました。各家から一、二名出て採ります。採れたヒジキは、欲しい人に売ったあと、業者に一括で売って契約講の収入にしていたのです。このヒジキの共同採集は最近までつづいていました。契約講で二日間採ったあとは、いつから個人で採ってよい、と契約講で通知するのです。ヒジキは干潮のときに採ります。また、ヒジキを採るのには船を出してはいけないという掟もあります。だいたい採り終わってあとはあまりない、というときになってはじめて「今日は船を出してもよい」となるのです。船を出すと、一人が採りすぎになってしまい、不公平になってしまうからです。ヒジキ以外の、ツノマタ、フノリは開口のときに個人で採ります。契約講で採ることはありません。

相川集落は、毎年正月に契約講の総会を開く。そこで春のお祭りの話などとともに、「今年は磯物を共同で採集するか個人で採集するか」を決める。共同採集にするか個人採集にするかは最初から決まっておらず、毎年話しあいで決めるのである。

共同採集の場合は各世帯から人を出す必要があり、採った磯物の収入は契約講の収入になる。その収入は、公民館の建設費や神社の修復費など、集落全体のために使われる。契約講は単にものごとを決める組織ではなく、財産をもつ組織でもある。

海の資源と地域組織

契約講が管理しているのは、磯物だけでない。

遠藤誠一さんは、磯物の話に続いて、昆布の話をしてくれた。なかでも、岸に漂着していた昆布（流れ昆布）を集落総出で拾った話は印象的だ。

昆布を拾うのが契約講の収入としては大きかったですね。波が荒く、昆布が抜けて岸に寄ってきたときは、招集をかけて昆布を拾ったのです。今日は集落の中のこの地区の役割、明日は別の地区、と順番を決めて拾いました。さらに当番の地区の中で誰々は拾う役目、誰々は干す役目、と役割分担をその都度決めました。役割を与えられた人がその日に出られない場合は、別の地区の分担である翌日に出るなどしました。この拾い昆布の収入は契約講の収入になったのです。東京オリンピックが終わったあとでしたから、昭和四〇年くらいでしょうか、この拾い昆布の収入で公民館を建てました。そう、東京オリンピックの年も昆布が豊漁でした。オリンピックを見ながら昆布を干していたのを覚えていますね。

養殖などの影響で天然の昆布が減るまで、この拾い昆布は続けられた。遠藤さんの集落では昭和四〇年代前半くらいまで続いたという。遠藤誠一さんの集落を含むいくつかの集落では、このように拾い昆布が集落の収入になった。このあたりも集落によって少し違っていて、同じ北上町でも、別の集落では、拾い昆布は個人の収入になった。それぞれの集落が、それぞれの事情によって違うルールを適用しているのである。

同じ集落でも、対象物によってルールは違う。遠藤誠一さんの相川集落では、拾い昆布でない通常の昆布(根付きの天然昆布)は、個人の収入になる。さらにこちらの昆布は、契約講ではなく漁協の管理になる。いつから採ってよいか、解禁日を決めるのは漁協である。漁協は十三浜全体で一つの漁協(十三浜漁協。ただし現在は宮城県漁協北上町十三浜支所という形になっている)なので、漁協は集落の単位より大きい。拾い昆布は小さい単位である集落(契約講)が管理し、根付きの天然昆布は漁協が管理する。

ちなみに契約講が管理する水産資源は、ノリ、フノリ、ヒジキなどの磯物と拾い昆布、そして拾いワカメである。一方漁協が管理する資源は、天然昆布、天然ワカメ、魚類、そしてアワビである。

アワビもまたこの地域では大きな収入になるものだが、これは採集できるエリアに偏りがあるため、十三浜全体での管理、つまりは漁協による管理になっている。各集落が集落前の海のアワビを管理するという形にしてしまうと、たくさん採れる集落、採れない集落にわかれてしまう。それを避けるために漁協管理にして、かつ十三浜内の海ならどの集落の人がどこでアワビをとってもよいという形にしているのである。

そういえば、磯物は原則各集落の権利なのだが、小滝集落の前にある双子島《ふたごじま》という小さな島の磯場だけは漁協の管理にしている。なぜだろうか。双子島の磯場は磯物が豊富に採れるのだが、それだけにかえって特定集落の独占にせずに地域全体での管理にしようというのがその趣旨である。これも見事な地域独自の工夫だ。

十三浜の磯物も昆布採りも、(第1章で見たような)人間と自然との多様な相互関係の典型例だ。そして、それをもう少し子細に見てみると、そこには人と人の関係、つまりは「社会」が見えてきた。地域の自治組織が設定するルール、そこから地域共同の利益を得ようとするしくみ、そして、柔軟に設定されるきまり。自然から社会が見えてくる。

山の資源　ススキ

同じことは、他の自然資源についても言える。同じ北上町の山の資源に注目してみよう。再び相川集落の遠藤誠一さんの話。

昭和三五、六年まで、枯れ木の開口がありました。ストーブや風呂、かまどの燃料として枯れ木が必要でした。国有林内の枯れ木は、営林署と折衝《せっしょう》して開口を決めていました。

この場合は、契約講ではなくて炭焼きの実行組合として開口を決めていました。契約講とメンバーは一緒ですが、役員が違ったのです。

ススキは重要な山の資源だった。第1章で、日本列島にもともと草山が広がっていた話をしたが、北上町もそうだった。

馬の餌として草が大量に必要でした。草場やカヤ場《ば》〔ススキの群生地〕は昔は結構あったんです。今はほとんど杉の植林をしていますが。今の山の感じとはだいぶ違いますねえ。お盆のお供え用の花も、草場によく生えていたので、それを採りに行っていました。馬がいなくなって、草場が必要なくなったのです。

ススキも契約講がルールを決めていた。

昔はあちこちにカヤ場がありました。馬の餌用に草場にしていたところがあちこちにあって、その周辺がカヤ場になっていたのです。炭焼きが盛んだったころは、このカヤ場から採ったススキで炭すご（炭の籠《かご》）を作ったのです。契約講が決めた開口の日には、家族総出でカヤ刈りに出かけました。一日で刈ってしまいました。それだけではススキは足りないので、あとは畑のまわりに生えているススキを刈りました。

同じ北上町の別の集落では、カヤ刈りを親類の結《ゆい》（相互扶助の共同作業）でおこなったという。北上町で言う「親類」は、集落内の同族グループである。親類には、本家と別家があり、必ずしも血のつながりがなくても、その関係を結ぶことができる。

相川集落のようにススキの開口を厳密に契約講で決めていた集落は珍しく、周辺の他の集落では、自分の集落のテリトリー内であれば、いつススキを採ってもよかった。相川集落はかつて炭焼きがたいへん盛んであったので、炭すご用のススキが大量に必要だった。そのことが、こうした厳密な開口を生んだのだろうと思われる。

2 コモンズと「所有」

コモンズとは何か

自然を見ることは社会を見ることだ。そして自然をめぐる社会のありようを考えたとき、いちばんの焦点となるのは、誰が自然にかかわるのか、誰が管理するのかという問題である。自然を小さな地域単位で管理したほうがよいのか、国などの公的な機関が管理したほうがよいのか、あるいは個人個人で管理したほうがよいのか。

ここで鍵となるのが「コモンズ(the commons 共有地)」という概念である。

「コモンズ」とは、もともとイギリスで使われていた言葉で、農民たちがアクセスできる土地のことを指してきた。しかし、農民たちがアクセスできる、とはどういうことだろう。

一六世紀および一八世紀のいわゆる「エンクロージャー(囲い込み)」の時代、従来農民たちが放牧や薪炭材採取《しんたんざいさいしゅ》などに使っていた土地が、貴族や大地主たちに囲い込まれていった。大地主たちは、一六世紀には羊の牧場を拡大するため(毛織物工業の発展が背景にあった)、農民たちを追い出して土地を拡大していった。一八世紀から一九世紀にかけては、穀物と肉の需要増大に応えるために、さらに大地主たちが土地を囲い込んでいった。議会もこれを後押しして、大地主に都合のよい法律を作った。農民たちはそれまで使っていた土地が使えなくなり、それが都市への労働者流入を生み、産業革命を支えた、と言われる。

しかし囲い込まれた土地は農民たちにとって生活のために重要な土地だったので、彼らはそれを再び使えるよう運動を起こした。そして、次第にその権利を認めさせていったのである。たとえば、ロンドンの北西約四五キロにあるバーカムステッドという地区では、領主が囲い込みを続けていたが、一八六六年、この地で放牧をしていた農民たちが、これに反対し、領主の設置したフェンスを実力行使で撤去した。領主側は裁判に訴えたが、農民たちはこのとき、自分たちの伝統的な権利保持だけでなく、周辺住民やロンドン市民の散策地としても大事な土地だと主張し、裁判に勝った。この土地を農民や市民が利用する権利が、裁判で認められたのである(平松紘『イギリス 緑の庶民物語』)。

このように、囲い込みのプロセスの中で権利としてアクセスが認められた土地が、「コモンズ」と呼ばれている。このバーカムステッドの紛争と同じ年、イギリスでは「コモンズ保存協会」が設立された。

イギリスの「コモンズ」は、農民たちが自分たちの権利を守るために闘いとったものだった(日本での入会《いりあい》権闘争を彷彿《ほうふつ》とさせる。戒能通孝『小繋事件』参照)。「コモンズ」という言葉の原点は、ここにある。

「コモンズの悲劇」?

イギリス史における歴史的な概念としての「コモンズ」とは別の文脈で、「コモンズ」という言葉が提起され再び注目を浴びたのは一九六八年だった。この年、生物学者ギャレット・ハーディンが国際科学雑誌『サイエンス』に、環境問題がなぜ生まれるのかについて、「コモンズの悲劇」というタイトルの論文を発表した。

ハーディンはこの論文で、複数の牧夫《ぼくふ》が共同で所有している牧草地を仮想例としてとりあげて議論している。ハーディンによれば、このような共有地で個々の牧夫が家畜の頭数を増やして利益を増大させようとすると、全体として牧草地の環境が劣化し、やがて牧草は枯渇する。

つまりこういうことだ。個人がそれぞれ勝手に資源にアクセスしようとすると、当然各個人は自分の利益を最大化しようと目論む。しかも、土地は共有だから、その影響（環境負荷）は広く薄まってしまう。影響はたいしたことないと思われるから、個人はさらに利益を拡大しようとする。しかし、みんながそれをしてしまうと、共有地全体としては環境負荷が過重にかかり、牧草の再生の速度を超えてしまう。そしてやがて牧草は枯渇する。これがハーディンの提起したモデルである。

これは確かにありそうな話だ。たとえば私たちが自家用車に乗るか公共交通機関を使うか迷ったときのことを考えてみよう。私たちは、公共交通機関のほうが一人当たりの環境負荷が小さいことは知っている。自家用車は一人当たりCO_2排出量も大きい。しかし、今自分がここでそう考えて公共交通機関を選択したとして、それは本当にCO_2削減に役立つだろうか。世界全体のCO_2排出量に比して、自分が今日排出するかもしれないCO_2の量など、ほんのごくわずかで、言わば誤差の範囲だと言ってもよいだろう。変な精神論に走らなければ、今日自動車を選択しても、世界全体の環境にとってはほとんど何も影響しない、と考えることはきわめて合理的だ。

しかし、その合理的な判断をみんながしてしまうと、全体としては大きな環境負荷になってしまう。ハーディンの議論は、まさにそこを指摘したものだった。

ハーディンのこの「コモンズの悲劇」論が登場するまで、環境問題の多くは、人間一般vs自然一般という図式で語られていた。「人間の欲望が自然を壊している」、「人間が産業を発達させたから自然が破壊されている」といった、「人間全体」で議論しようとするものだった。それに対し、ハーディンは「人間一般」や「人間の欲望」といった仮想的なものから環境問題を見るのではなく、人間と人間の横の関係、つまり、社会のしくみから環境問題を考えようとした。その視点がたいへん新鮮だったので、この「コモンズの悲劇」論は大きな話題を呼んだ。

しかし、疑問もすぐに提示された。ハーディンが「共有地」をやり玉に挙げたものだから、本当に「共有地」が環境破壊につながるのか、とくに現場の研究者から疑義が上がった。多くの研究者が、そのことを検証しようと、世界中の共有地や共有資源の事例研究にとりくんだ。その結果、現実には、住民みずからがルールを作って資源を持続的に管理している事例が多いことがわかり、ハーディンのモデルが当たらないことが明らかになった(McCay and Acheson eds., *The Question of the Commons*, Ostrom et al. eds., *The Drama of the Commons* など)。ちなみにそうした研究を先導した一人、エリノア・オストロムは、二〇〇九年のノーベル経済学賞を受賞している。

では、ハーディンの議論は何が間違っていたのだろう。

先ほど私は、自家用車に乗るか乗らないかという選択の話をした。それと、共有の牧草地の話は、似ているようで実はまったく違う。ハーディンが見落としたのはそこだった。

自動車に乗るか乗らないかというときの「共有地」は地球全体であり、その構成員も七〇億人である。それに対し、牧草地はごく限られた土地であり、その構成員もせいぜい数人である。たしかに七〇億人と顔を合わせて相談するわけにはいかないから、判断は個人がそれぞれするしかない。一方、牧草地の数人は、よほど仲が悪くなければ、家畜頭数を増やそうとするとき共有地の共同所有者と話をするだろう。あるいは、すでにルールを決めているかもしれない。現に北上町の磯物や昆布、アワビについてはそうだったではないか。

つまりはこういうことだ。あまりに規模の大きな「共有地」、たとえばそれが地球全体だったりする場合、その環境負荷をコントロールすることは、なかなかむずかしい。それは人間一般が悪いとか、欲望が深いとかいうことでなく、しくみの問題である。地球全体に影響を及ぼすような環境とのかかわりそのものが、そもそも社会がコントロールできない無理のあるものなのだ。一方、そのかかわりも影響もローカルにコントロールできるようなしくみのもとでは、地域内で共同管理できるので、うまく行きやすい。実は「コモンズ（共有地）」は、そうしたローカルな共同管理のしくみであったのだ。

もう一度ここで「コモンズ」を定義し直しておこう。コモンズとは、地域社会が一定のルールのもと、共同で持続的に管理している自然環境である。また、その共同管理のしくみそのものを「コモンズ」と言ってもよいかもしれない。

コモンズはどのように生まれるのか

それでは、このようなコモンズはどのように生まれてくるのだろうか。また、なぜ生まれてくるのだろうか。

コモンズのしくみを考えるためにもう一度、石巻市北上町の話に戻りたい。第1章でとりあげた北上川河口のヨシ原の話である。

第1章で触れたように、この北上川は、川そのものが明治から昭和にかけての河川改修で大きく変化した川だ。旧北上川に流れる水量の多くをこちらの新北上川に流すことで流域の洪水を防ごうとする壮大な国家プロジェクトの結果、この新しい北上川（もと「追波川」）は、川幅を広げられ、そこにあった集落は移転させられた。

そしてその部分、つまり、もともと集落や田んぼがあって河川区域に編入された部分に、昭和初期、ヨシが生えてきた。これが今日〝貴重な自然〟とされる北上川河口地域のヨシ原である。

さて、このヨシが昭和初期に一面生えてきたとき、それは住民にとっては僥倖《ぎょうこう》だった。というのも、ヨシは当時今よりはるかに経済的な価値があり、それを刈り取ることは収入にもなったからだ。

そこで問題になったのは、誰がどこのヨシ原を刈り取ってよいかということだ。

どこの集落の人たちも、ヨシを刈りたいと考えた。しかしヨシは無限に広がっているわけではない。当然争いごとが起きる。

第1章にも登場した鈴木民雄さん（石巻市北上町釜谷崎集落）は、こう語ってくれた。

釜谷崎《かまやざき》、大須《おおす》という二つの部落〔集落〕だけが、その田んぼと屋敷が〔河川改修で〕買収になったのです。そこで当初ヨシ原や堤防の草については、この二つの部落に権利があるものとして使っておったわけ。そうだね、昭和三、四年ごろじゃなかったかね。釜谷崎、大須以外の部落も権利が欲しいと言って、喧嘩になってしまってね。ここまではオラたちのだ、ここからはおめぇらのだ、って申し合わせで騒いだんです。きりがないから、境を決めることになって、そのときに鎌持ち出してえらい喧嘩になったんですよ。朝、馬持ってきて草刈るんだから、鎌持っていてね。

結局、代表者が話しあいで各部落ごとにわけてやったわけ。ここまでが釜谷崎、ここまでが長尾《ながお》、ここまでが行人前《ぎょうにんまえ》って〔いずれも集落名〕。境界には杭打って。結局は、大須、釜谷崎の田んぼが買収されたからというので、そのぶん倍以上の面積をもらったのです。自分たちの田んぼが潰れたわけだから、ここは俺らの場所じゃないのかという思いは強かったんじゃないかな。部落は小さいけれども、その面積は結構広かったんだ。昭和七、八年ごろだったかね。それからはもめごとはないね。

こう話してくれた鈴木民雄さんも、昭和初期にはまだ少年。どういう喧嘩があり、どういう話しあいの経緯で合意がなされたのか、今となっては詳しく知る人もいない。警察や国も仲介に入ったという話があるが、定かではない。

しかし、このときに集落間で話しあって決めた境界線は今でも生きている。この境界線のつけ方を初めて見たとき、私はうなった。実によく考えられた境界線なのである。

基本は集落の目の前のヨシ原が権利の対象になっている。しかし、その広さにはずいぶん差がある。大須、釜谷崎の二つの集落のヨシ原は格段に大きい。これは、鈴木さんも語っているとおり、もともと大須、釜谷崎の集落の土地だったという歴史的な経緯を尊重したものだ。もちろんこれらの土地は正式に買収されたのだから、法的には権利を主張する権限はない。しかし、地域社会の感情としては、やはり「もともとの土地だった」ということは大きな意味をもつ。

一方、非常に狭いエリアの権利しか与えられなかった集落がある。山の集落である女川《おながわ》集落である。女川集落は、北上川からは二キロほど山のほうの集落で、もともと北上川とのかかわりも薄い。しかし、ヨシ原の権利をめぐる争いの中で、「うちにも権利を」と主張した（女川集落の人たちにとっては、ヨシよりもむしろ牛馬の飼料として堤防の草のほうが重要だったらしい）。地域社会のかかわりの中では、この女川集落の主張をまったく無視するわけにもいかない。かといって広く権利を認めるわけにもいかない。というわけで、わずかな面積のヨシ原の権利を認めようということになった。地域の人たちの合意の知恵だ。

ヨシ刈りの権利の境界線には、地域の人たちが地域の中で生きていくための知恵が詰まっているように私には思える。

実のところ現在のヨシ原は、地元の業者がこれを刈り取っており、住民たちが直接刈り取って利益を得ることはない。しかし、この境界線は生きていて、集落の権利も生きている。誰かが独り占めするのではなく、地域で、コモンズとしてこのヨシ原を保ってきたことが、景観を維持し、また、地域に利益をもたらしてきた。

現在ここのヨシを刈り取っている地元業者の熊谷産業は、全国の茅葺き屋根を手がける業者として有名である。ヨシ原はこの地域を代表する景観でもあり、シンボルにもなっている。それは、人がかかわってきた自然であり、地域の人びとが権利を保ってきたコモンズである。

誰のものか

ところで、このヨシ原は誰のものなのだろうか？　北上川のヨシ原は、堤防の中にあり、北上川の「河川区域」内にある。ということは、このヨシ原は、行政のもの、国土交通省（国交省）のものである。明治時代に釜谷崎、大須という二つの集落があった場所を国が買い取ったものだから、当然国の所有である。一方、私は、住民たちがヨシ刈りの権利をもっている、という説明をしてきた。これはどういうことだろうか。

確かに法律的な所有という面で言うと、このヨシ原は国交省のものである。したがって、ヨシの刈り取りをするには、その許可が必要になってくる。

実際、地域住民はヨシの刈り取りについて、毎年、河川法第二五条に基づいて国交省に「河川産出物採取」の申請をおこない、同じく河川法第三二条に基づいて宮城県に「河川産出物採取料」を支払っている。ヨシの刈り取り作業は、河川法第二四条に基づき河川用地の一時占有になるので、これも許可申請をおこなっている。

つまり法律的には「ヨシ原の権利」は、どこにもない。しかし、住民たちはこれを明確に「権利」と考えている。大正生まれのある住民は「谷地《やち》（湿地）にヨシがだんだん生えてきたので、部落（集落）が権利を政府から払い下げを受けて、部落所有みたいになった。もともとそこの部落の田んぼだったからね、政府もその縁故を尊重して、その部落に任せます、ということになった」と語った。昭和生まれの別の住民は、「谷地は全部権利がある。どこからどこまでは、どこの部落の谷地って決まっている」と言う。住民たちにとってヨシ原の権利は疑うべくもないものとして存在している。

そして国交省も、これをそう考えている節がある。あるとき地域外の業者がヨシの刈り取りの申請をしてきたことがあった。国の制度上それを妨げるものはないから、そういうことがあってもおかしくないのだが、国交省(北上川下流河川事務所)は、その業者にやんわりとお引き取り願った。その背景には、やはり地域住民を尊重するという姿勢があったという(国交省への聞き取りより)。

住民の権利は、法的には存在していないが、社会的には存在しているのである。

コモンズは「共有地」とも訳されるが、必ずしも共同の「所有」である必要はない。むしろ北上川のヨシ原に見るように、法律上の所有と実際の利用の権利がずれていることも多い。

フットパス

日本でも普及し始めているフットパスの母国イギリスでは、誰でも歩くことができる小径、フットパスが国中、網の目のように張りめぐらされている。多くのイギリス国民が、このフットパスを歩くことを楽しんでいる。その多くは羊の放牧地など農地の中を歩くものであり、つ

イギリスのフットパス(湖水地方)

まりは私有地である。私有地の中を小径が通っていて、そこには万人に認められた「歩く権利」がある、というのがイギリスのフットパスだ。

もともと住民が教会に行くのに私有地を横切っていた、などの歴史的経緯を尊重して、こうしたフットパスが設定されている。今では多くの人びとがフットパスを歩いたり、あるいは走ったり、また自転車を楽しんだりしている（自転車が可能なのは一部のフットパスに限られているが）。

土地の所有者は、この「歩く権利」を尊重しなければならない。自分の土地だからと言って拒否することはできない。

その背景には、イギリスにおける歩く権利への長い運動がある。運動の結果、一九三二年に「歩く権利法」、一九四九年に「国立公園・田園アクセス法」が制定され、今日の網の目のような私有地内のフットパスの存在となっている（平松紘、前掲書）。

同様の権利はノルウェー、スウェーデン、フィンランドの北欧諸国で「万人権《ばんにんけん》」として歴史的に認められている。「万人権」はもともと慣習法だが、スウェーデンでは「野外生活法」という法律の中で「万人が、敬意と相当な注意が払われることを条件として、年間を通していつでも、非耕地を通行する権利を与えられている」と明確にうたわれている。誰の土地でも歩くことができる権利を、万人が有している。それが万人権である。

北上川のヨシ原も、イギリスのフットパスも、北欧の「万人権」も、所有の権利と利用の権利とはズレていることが多いことを示している。国家が所有しているけれども利用は慣習的に認められている、所有は別の人だけれども一定の制限付きで利用する権利がある、など、所有と利用をめぐるズレは広範に存在している。

人と自然について考えるときには、所有をめぐるこの多様なありように注目する必要がある。

所有とは何だろうか

自然をめぐる社会のしくみを考えていると、いつも「所有」にぶちあたる。

そもそも、「所有」とはいったい何だろうか？

ビンセント・ヴァン・ゴッホの作品に「医師ガシェの肖像」という絵がある。一八九〇年、ゴッホが死の一ヶ月あまり前に書いた作品だ(ゴッホは三七歳だった)。医師ガシェは、ゴッホを診ていた精神科医。この絵は生前、ゴッホの手によって売られることはなかったが、死後親族によって売られ、その後転々とする。この絵が改めて脚光を浴びたのは、一九九〇年五月、ニューヨークでおこなわれた競売だった。この競売で、大昭和製紙(現日本製紙)の名誉会長(当時)、齊藤了英氏が八二五〇万ドル(約一二五億円)という高額で落札し、世界を驚かせた。

しかし、世界がもっと驚いたのは購入後、齊藤氏が「おれが死んだら、棺桶にいっしょに入れて焼いてやってくれ」と発言したことだった(『朝日新聞』一九九一年五月一日夕刊)。当然世界中から非難の声が上がる。フランス美術館連盟のジャック・サロワ会長(当時)は「古代エジプトのファラオ(王)たちでさえ、副葬美術品の保存には細心の注意を払っていた。(中略)文化遺産の保護という人類の権利を侵害するものであり、憤激に値する」と批判した(『北海道新聞』一九九一年五月一四日)。

このエピソードは面白い。世界の人びとはなぜ非難の声を上げたのか。絵を買ったのは齊藤氏だから、煮ようが焼こうが法律的には何の問題もない。ゴッホの絵がこの世からなくなることは、少なくとも人々の生き死にには関係ない。

しかし、私たちはゴッホの絵を焼くなど言語道断だ、という気持ちをもっている。この発言を非難することを要らぬ干渉とは考えない。

つまり私たちはゴッホの絵を「所有」を超えたものだと見ているのである。誰が所有していようが、それは人類の財産である、と。所有していなくても、それについて発言したり、あるいは権利を行使したり、利用したりすることがある。

少し考えただけでも、「所有」とは何かという問題は実におもしろい。

たとえば、ある町の景観問題の例を考えてみよう。そこの住民たちは自分たちの町の町並みを気に入っていて、町並みは自分たちの生活の大事な側面だと考えていた。そこにある鉄塔が建つことになった。住民たちからすれば、明らかにそれは「自分たちの景観」を壊すものだった。単に「好きな景観が壊れる」ということを越えて、自分たちの体の一部が壊されるような感覚すらもった。住民たちは反対運動に立ち上がる。もちろん景観を「所有」することはできない。しかし、ここには確実に「私たちの景観」という意識が働いている。

こうした例は無数に考えることができる。たとえば、たまたま拾った小石は自分のものか、家の玄関先に咲く花はその家の人のものか、カフェで先に座った席は自分のものか、子どもは親のものか、自分の体は自分のものか、などなど、「誰々のもの」の問題、「所有」の問題はどこまでも広がりそうだ。

考えてみると、他人が存在しなければ「所有」も存在しない。この世に自分しかいなければ、「所有」を主張する必要もない。つまり「所有」は、あくまで人間と人間との間の関係である。

広義の「所有」、ということを考えてみると、それは、「人がモノ・コトに及ぼす関係について社会的に承認された状態」だと言うことができる。しかし、人がモノ・コトに及ぼす関係も多様だし、それが社会的に承認されるさまも多様だ。法律的な所有、つまり「自由にその所有物の使用、収益及び処分をする権利」(民法第二〇六条)は、実はそうした多様な「所有」のごく一部にすぎない、と見ることができる。

山や川や植物、海洋資源といった自然については、なおさら、その「所有」の幅は大きくなる。「人がモノ・コトに及ぼす関係」には、採取する、植栽する、栽培する、手入れする、保全する、監視する、嗅ぐ、触れる、愛《め》でる、などなど、「使用」という言葉に収まりきらない、多様な関係がある。

また、そうしたかかわりのどこまでが社会的に承認されているのかについても多様だ。処分する権利は認められないが利用は認められる、利用は認められるがそこから収益を得ることは認められない、収益を得ることも認められる、監視する権利を認められる、ものを言う権利を認められる、などなど幅広い。さらにはその認められ方についても、法律で認められている、法律にはないが広く社会的に認められている、その地域だけで認められている、認められているかどうか曖昧《あいまい》なところがある、認める人たちと認めない人たちの間に対立がある、など、これまた幅広い。

自然は所有できない、と言ってしまえば簡単なように見えるが、私たちは自然に対して、ある程度排他的なかかわりを持っている場合が少なくないし、そのかかわりについて社会的な取り決めや承認をしている。「所有」を最大限広義にとれば、私たちは自然を「所有」しているのである。そしてその広義の「所有」には、実に多様なかかわり、多様な社会的承認が含まれている。

そのような集団的かつ多様なかかわり、そしてそれがさまざまな形態の社会的承認を得ている状態が、コモンズである。あるいは、そうしたかかわりと社会的承認があるもののうち、とくに、一定の地域的・空間的な制限があるものがコモンズだと言ってもよいだろう。

したがって、「権利」概念を使うならば、コモンズには利用権、用益《ようえき》権、アクセス権、管理権などが折り重なっていると言える。「かかわり」という言葉を使えば、コモンズには、さまざまなかかわりが折り重なっている。そして、そのかかわりは、誰か一人が独占的に、ということは少なく、多くの場合、集団的なかかわりである。というのも、自然は区分できない、あるいは、区分しようと思えばできなくはないが、それは合理的でないからである。

3 なぜ「集団的」なのか

歴史から来る「集団」のかかわり

北上川のヨシ原も、集落という集団ごとの権利になっていた。あのヨシ原の事例では、昭和初期に生えてきたヨシ原について、集落間の権利争いがあり、最終的には話しあって境界線を決めていた。

しかし、あらためて考えてみると、なぜ集団と集団の争いになったのだろうか。なぜ、個人と個人の争いにならなかったのだろうか。不思議と言えば不思議な話で、実はそこに重要なことが隠されている。

ヒントとなる出来事が、同じ地域で江戸時代に起きている。江戸時代後期の一七九〇年、ヨシをめぐって、訴訟が起きた。北上川の改修前だから、このヨシは北上川のものではなく、内陸の湿地のものだったはずだ。

追波《おっぱ》という集落の農民清九郎《せいくろう》ら八軒が、集落が権利を持つヨシ原での刈り取りを止められ、それについて訴訟を起こした。なぜそんなことが起きたのかというと、もともとこの八軒は近くの月浜集落の住民だったが、所有する田畑へのアクセスの便利さから、あるとき追波集落に移ってきた。しかし、しばらくは月浜集落に所属したままで、集落での義務もそのまま果たしつづけ、ヨシ刈りも月浜集落でおこなっていた。しかし、追波に移ってきたのだからと追波からも集落の義務を課せられるようになり、それならばと清九郎たちは所属も正式に追波に替えた。しかし、追波集落は資源の枯渇を心配してか、清九郎たちにヨシ原の刈り取りを認めなかった。もともといた月浜は離れたためにヨシ原を利用できず、移住先の追波でも認められず、八方ふさがりになった清九郎らは、追波での自分たちの刈り取りの権利を認めてほしいと訴訟に踏み切ったのだった(『北上町史 通史編』『北上町史 資料編』)。

訴訟の結果どうなったのかは、記録には残っていない。しかし、この一連のできごとが意味するところはおもしろい。ヨシを刈りとる権利は、個人に属しているのではなくて、あくまで集落に属している、ということがわかる。その集団を離れたら権利はなくなる。

共同所有や共同の権利といっても、実は二通りある。

一つは、個人の権利の集合としての共同の権利。これは今日のマンション所有などがそれにあたる。マンションは各部屋の所有者がそれぞれの部屋を所有しているが、マンション全体(各部屋以外の部分)は所有者全員で共同所有していることになっている。しかしその共同所有は、あくまで個人の権利の集合である。したがって、個人がもっているマンション全体への権利は、各人の部屋の権利と一緒に譲渡したり売却したりすることができる(これらは「区分所有法」という法律に基づいている)。

もう一つは、その集団が集団としてもつ権利。この権利は、その集団を抜けたら消滅する。集団に属している限りにおいてもっている権利であり、その権利は、個人で勝手に売り買いすることはできない。先の裁判に見るように、ヨシの権利はこちらである。この共同所有は「総《そう》有《ゆう》」と呼ばれることもある。

このように、この地域では、ヨシ原、そして他の山や海の資源についても、集落ごとのルールをもち、共同で管理してきた歴史がある。だから、新しくヨシ原が生えてきたとき、それがいかにもともと個人の屋敷や田畑があったエリアであろうとも、やはり集落ごとに権利をもつのが当然、と当時の住民たちは考えたのだろう。考えた、というより、それが当たり前だったのだと思われる。もともとの集団的なしくみがあって、新しく登場した資源についてもそのしくみが適用された、と見ることができる。

そうした歴史的な経緯が、自然な形で「集団的」な権利になっている原因だと言えるだろう。しかし、なぜ「集団的」でなければならなかったのか? 何が歴史的にも「集団的」にさせているのか？　「集団的」であることのメリットは何なのか？　もう少し掘り下げてみよう。

みんなが納得できる柔軟な資源管理

これまで見たような、北上町における磯物、拾い昆布、天然昆布、アワビ、枯れ木、ススキ、そしてヨシといった事例からわかったことは、地域の人びとが集団でルールを決めておこなうことが、地域にとって適切な資源管理になっていることだ。

地域の事情に沿った資源管理をおこなうには、地域の人びとがみずからルールを決めるのが最も効率がよい。北上町のさまざまな資源管理の事例は、そのことを示している。

しかし、単に効率的な資源管理ということだけのために「集団的」なのだろうか。どうもそうではないような気がする。適切な資源管理であると同時に、地域内の事情、個々の事情に配慮しながら、みんなが納得できるような柔軟な資源管理ができることが重要なポイントになっている。

そのことを再び、石巻市北上町の事例から考えてみよう。ここで見るのは北上町の炭焼きの話だ。北上町のいくつかの集落では、炭焼きが非常に盛んだった。

その一つ、女川集落でのかつての炭焼きの様子を見てみよう。

佐々木初男さん

女川集落の佐々木初男《はつお》さんは、昭和三（一九二八）年生まれ（二〇一五年逝去）。戦争中は、東京・品川の軍需工場で働かされていた。敗戦前の昭和一九年、父親が亡くなり、父親が残してくれた田んぼ四反と炭焼きで生計を立てた。のちには役場勤めもしている。

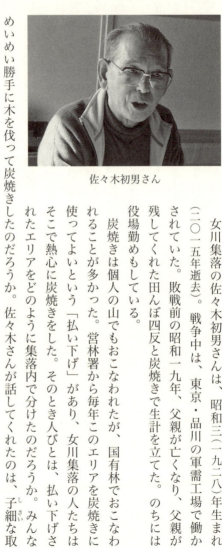

炭焼きは個人の山でもおこなわれたが、国有林でおこなわれることが多かった。営林署から毎年このエリアを炭焼きに使ってよいという「払い下げ」があり、女川集落の人たちはそこで熱心に炭焼きをした。そのとき人びとは、払い下げされたエリアをどのように集落内で分けたのだろうか。みんなめいめい勝手に木を伐って炭焼きしたのだろうか。佐々木さんが話してくれたのは、子細《しさい》な取り決めに基づく分配の様子だった。

払い下げを受けた場所を「山分け」（各々が伐採するエリアを決めること）したのです。一二〇人くらいが参加して、山分けをしました。山分けには、まず大分けがあり、そのあと小分けがあります。営林署から払い下げられた山を、まず大分けします。そうすると、その「大分けの一番に何人入る？」とみんなで決めるわけです。三〇人なら三〇人、と決めます。それぞれ大分けしたものに誰が入るかは、「ノゾミ〔望み〕」と言って、希望をとるのです。「誰が入る？」と聞いて、みんなで走っていきます。早い者勝ちでした。大分けした中を、今度は小分けします。

小分けでは、まず、みんなで上から下まで間隔をとって二列に並びます。左右二人と上下二人の四人の間にどのくらい木があるか、炭に焼いたときにどのくらいの量になるかを測ります。

そしてたとえば一〇〇俵分ずつ分けるとすると、あるところは八〇俵分しかない。そんなときは残り二〇俵分を別のところから加えます。

そうやって分け方が決まったら、今度は印を付けなければなりません。木番《きばん》といって、木の根っこ部分、土とすれすれのところを、ナタで削るのです。一つ傷つけて、「はい、一番」と。それが「一番の木番」となります。こんどは二つナタで削って「二番の木番」。同じように「三番の木番、……」としていきます。「ここは雑木が多くていい炭ができない木が多いから、もう少し足してやれよ」とか言いながら、印を付けていきます。

全部終わったところで、今度はくじ引きをして、誰がどこの木をもらうかを決めます。組合長が紙に番号を書いたのを持ってきていて、それを折って帽子に入れ、歩いて順番に渡していきました。

山分けは一年に一回、秋に山の現場でやっていました。炭焼きはそのあと、冬におこないました。一年中焼きたい人は、炭を焼かない人から権利を買います。

組合に入っていないと、山分けには参加できません。権利だったのです。「村加盟」といって、「村に加盟させてください」とお願いをしなければならなかったのです。村加盟とは契約講に入ることです。規則にはなかったと思うのだけれど、村に入るためには村に貢献しなければならない、ということがありました。貢献度が低いと駄目だったのです。

ここで志向されているのは何だろうか。この山分けの事例から見えてくるコモンズのしくみは何だろうか。なぜ「集団的」におこなっているのだろうか。

この分配に当たっていたのは、女川集落の場合は「製炭組合」である。これは集落の各世帯が参加している組織である（メンバーは契約講とほぼ同じ）。

組合が組織として分配し、また、炭焼き用に木を伐るルールを決めている。資源管理という点からいっても悪くないやり方だ。

しかし、この例を見てみると、単に資源管理だけを目的として組織的に対応しているわけではないことがわかる。

山分けの事例は、地域での資源管理や分配が、たいへん細かい配慮のもとにおこなわれていたことを示している。配慮の中心は平等性である。地域の中で平等性はたいへん重要な原理だ。しかし、何が平等かはなかなかむずかしい。

山分けの場合、単に同じ面積を分け与えたら平等というわけではない。同じ面積でも、炭焼きにできるいい木がどのくらいあるかは違ってくる。それにも配慮しながら山分けすることで、より平等になる。

佐々木さんの話には「ここは雑木が多くていい炭ができない木が多いから、もう少し足してやれよ」という台詞《せりふ》が出てくる。これは、平等のための細かい配慮を示している。くじ引きが多用されているのも、平等性への配慮である。各自の事情への配慮もある。事情によって炭焼きがより必要な人は、他人からその権利を買うことができる。各世帯の家族構成や経済事情によって、毎年どのくらいの炭焼きが必要なのかは違ってくる。それらを配慮しながら、しかし平等性を保って分配する。

こういうことができるのはフラットな集団ならではだし、また、その集団を構成するのが当事者たちであることも重要である。余計な第三者はおらず、自分たちで自分たちのことを決める。そのため、自分たちの事情に応じた細かな取り決めによって、お互い納得できるような分配が実現できる。

地域社会においては「納得」が重要になる。納得すれば持続する。納得しないと持続しない。そして、納得をもたらすのは、当事者の集団が管理の主体になることである。

コモンズの効用

なぜ資源管理は地域で集団的におこなったほうがよいのか、なぜ人びとはそれを選択してきたのか。これまで見てきたコモンズの「効用」を整理してみよう。

第一に、当事者たち自身によるルールによって適切な資源管理が可能になる。

第二に、当事者たち自身によるルールなので、地域の事情に応じた細かで柔軟なルール作りや利益の分配ができる。平等への配慮、弱者への配慮など、地域の価値観を反映した資源利用が可能になる。

第三に、当事者たち自身によってルールを決めるので、その決め方も含めて地域の中での

「納得」をもたらす。たとえそれで何らかの不利益をこうむることがあったとしても、その正当性は維持される。

第四に、個人や世帯を超えた地域全体の財産維持、地域全体の利益に資することができる。その際、個人・世帯の利益と地域全体の利益との間のバランスのとり方も、各地域の事情に合わせる形でできる。

このように、地域みんなで自然にかかわることは、適切な資源管理であるだけでなく、複合的な意味合いをもっている。

4　災害とコモンズ

東日本大震災

二〇一一年三月一一日に起きた東日本大震災は、岩手から福島に至る海岸部の地域に、甚大な被害をもたらした。この本でしばしば取り上げてきた石巻市北上町は、その中でも被害が大きかった地域の一つだ。人口三九〇四人(二〇一一年二月)のうち、死者・行方不明が二七六人。建物の全壊は五三五棟、半壊および一部損壊は四七四棟。被害がなかったのはわずか一四二棟のみという、地域社会そのものが存亡の危機に陥った。

震災前からこの北上町で調査をしていた私は、震災後、仲間の研究者や学生たちと一緒に、復興のいとなみにかかわらせてもらうことになった。その過程で私は、これまで自然との関係でのみ考えていたコモンズが、復興のありようにもかかわっていることを目の当たりにした。

石巻市の市街地からも遠く離れ、北上町は震災直後、外部のボランティアからも忘れられた存在だった。しかし、そんな中、被災者たちは、自分たちで避難所を立ち上げ、自主的な運営を始めた。

相川集落(本章冒頭で登場)では、震災当日すぐに避難所が立ち上がり、自治会長のリーダーシップのもと、統制のとれた避難生活が始まった。その日のうちに、それぞれの役割が決められた。女性たちは炊き出し、若者は消防団として遺体捜索の任に当たった。米や衣類、それにストーブも集められ、当日の夜からご飯を食べることができた。震災で破壊された周辺の道路の整備も、重機を使って自分たちでおこなった。

水道管もやられていたが、すぐに六〇代、七〇代の男性たちが裏山に登って沢から水を引いてきた。どこから水が引けるか、男たちは知っていたのだ。田んぼからもってきた管をつなげて、避難所まで水を引いた。津波から一週間で水も使えるようになった。

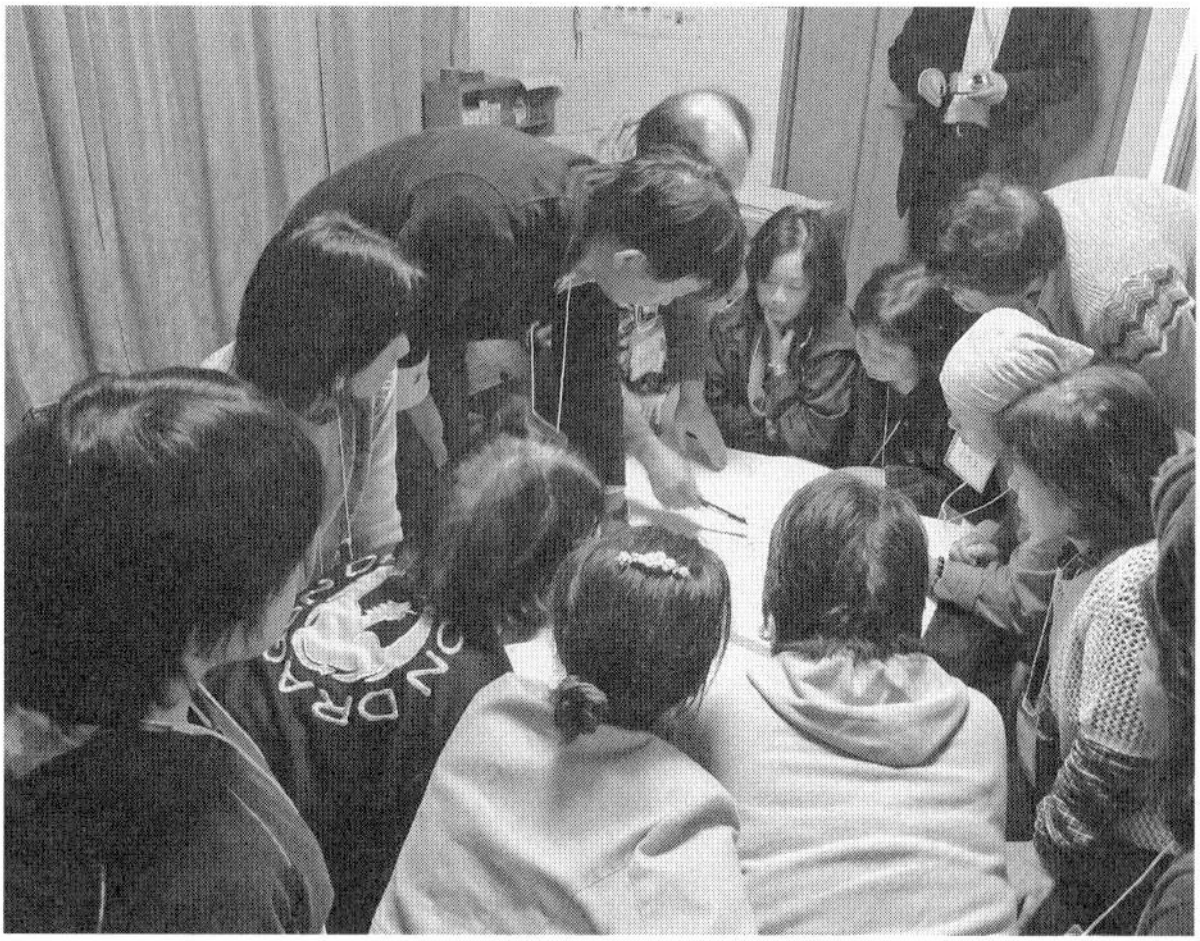

集団高台移転の合意形成を図るワークショップ
(宮城県石巻市北上町，2011年11月)

そのうち外から救援物資も来たが、たいていのことは自分たちでやっていたので、断ることさえ多かった。

ある四〇代の住民(男性)は、のちに当時をふりかえってこう語ってくれた。「あのときのまとまりはすごかった。コミュニティがちゃんとしていたので、今こうしていられる。この地域について、本当に自慢できることだ」。

そこには、契約講を中心に、資源管理や祭祀をおこなってきた共同の力がある(相川集落では少し前に契約講を解散して自治会に衣替えしていたが、その共同の力は継続している)。

合意形成とコミュニティ

二〇一一年六月から住民たちは仮設住宅に入ることができたが、喫緊《きっきん》の問題は住宅だった。もとの集落は津波の被害に遭いやすく、もう住むことはできない。ではどうするか。

そこで集団高台移転が浮上する。二〇一一年五月、震災からそれほど月日が経っていない時期に北上町では、住民代表が、集団高台移転をしたいから支援を願うという要望書を市長に提出した。市は、それを受ける形で、国の制度である防災集団移転促進事業と災害公営住宅整備事業(いずれも国交省)という二つの制度を使って、これに応じた。

集団高台移転事業において大事なのは、住民間の合意形成である。もとの集落は危険区域として今後住まないという合意がまず必要だし、誰が集団移転に参加して、どこに移転するのかという合意も必要だ。さらには、移転後の土地でどのような住宅地区を作るのかということについても合意が重要だ。そうした合意形成を一歩一歩進めながらでないと、事業は進まない。

この合意形成について、役場の要請もあり、私たち(北海道大学や法政大学などの教員・学生)が、お手伝いをさせてもらうことになった。建築家たち(日本建築家協会)やNPO(NPO法人パルシック)との協働だった(西城戸誠・宮内泰介・黒田暁編『震災と地域再生』)。

合意形成の話しあいのお手伝いをさせていただくにあたって、私は、契約講を中心としたこの地の話しあいの流儀を尊重したいと思った。一方、契約講の正式な総会では、家長のみの出席となり、若い人や女性の意見を吸い上げにくい。そこで、契約講を軸に集まってもらうが、意図的に若い人や女性にも参加を呼びかけるようにした。

話しあいでは、さまざまな意見が出た。人びとが望む移転の形と、国の制度である防災集団移転促進事業との間のズレもいろいろと指摘された。話しあいは、私たち支援者が側面支援する形で、何度も続けられた。

その結果、北上町では、比較的早い時期に合意が得られた。北上町の一つの集落は、防災集団移転促進事業を開始するための大臣承認が被災地で最初に得られた集落になったし、他の集落もおおむね順調に合意形成がなされた。

他の被災地、とくに都市部の被災地では、この合意形成がうまくいかず、移転事業、ひいては復興がままならないところも少なくなかった。とくに都市部の被災地では、住民が集まることすらむずかしく、住民と行政の間の溝、あるいは住民同士の溝ができてしまうことも多かった。

北上町では、なぜ比較的早くに合意がなしとげられたのだろうか。やはり、契約講の存在、地域の中のつながりの存在が大きかった。そしてそれが自治体や外部からの支援グループ（N

PO、大学、専門家）と結びついて、良好な協働の形ができあがったことも大きかった。

災害が起きたときの回復力（レジリエンス）とコミュニティの関係については、すでに多くの研究があるが、そこで共通して指摘されているのは、コミュニティがしっかりしていることが災害からの回復力につながっている、ということだ。

集団移転の合意形成の話しあいをしているとき、住民たちの口から「これからもこのコミュニティを維持していきたい」、「コミュニティが大事だ」と、「コミュニティ」が連発されるのに私は驚いた。

北上町の地域組織である契約講は、資源管理がその重要な役割の一つだが、もちろんそれだけでない。他の地域組織（女性組織、消防団、漁協など）とも連携しながら、祭祀《さいし》をはじめとするさまざまな地域行事、あるいは相互扶助の重要な役割を果たしている。そして災害の際の回復力にも、それは機能している。

コモンズというしくみは、資源管理の文脈で語られることが多いが、実のところ地域社会のさまざまな側面にかかわっている。別の言い方をすれば、資源管理のしくみだけが突出して存在するのではない。地域社会（コミュニティ）の共同のしくみ（コモンズ）のなかに、資源管理が埋め込まれている。そう見るのが正しいだろう。

第3章
合意は可能なのか
多様な価値の中でのしくみづくり

1　現代のコモンズ

ある都市の森林保全活動

札幌市南区常盤《ときわ》地区。緑豊かなこの地区には、南北に細長く広がった平地に多くの住宅が並んでいる。その東西には小高い山が続く。住宅街のそばには真駒内《まこまない》川が流れる。地下鉄の駅までバスで出るしかないので、少し不便だが、ここの自然が好きで移り住んできた人も多い。

この地区で「ときわ里山倶楽部」という里山保全活動にいそしんでいる人たちがいる。一九九九年に発足したときわ里山倶楽部は、この地区に住むKさんの思いから発し、Kさんがその兄弟と共同所有する三・六ヘクタールの山林を、市民の森林ボランティアによって保全しようという団体である。この地に育ったKさんは、親が遺したこの山林を「自分のふるさと」と感じている。それを開発の波から守るためにも、自分たちで管理・保全していきたいと思った。

もともとここは、山があって、その下には水田が広がっていました。昭和三〇年代から宅地開発が進み、周辺の山は開発されてしまいました。その中で、たまたまうちの山は残

ときわ里山倶楽部の活動

ったのです。私はこの土地で育ち、山を毎日見て育ちました。まわりが開発されていて、自分の「ふるさと」はこの山しか残っていないと思ったのです。この山は絶対に残さないといけないと思いました。

Kさん一人ではそれは無理なので、森林保全に詳しい人を含めた「ときわ里山倶楽部」が結成され、この森を保全・活用していくことになった。一九九九年以降、今に至るまで月一回のペースで活動を続けてきた。枝打ちをおこなったり、植林、キノコ栽培、落ち葉による堆肥作り、炭焼きなど、森林管理とレクリエーションを兼ねた活動が中心だ(事情により二〇一二年より活動を縮小している)。

ときわ里山倶楽部の場合、その土地を所有しているのはKさんとその兄弟である。そして実際にこの山林の管理をしているのはKさんを含めた、ときわ里山倶楽部であり、山林を利用しているのはときわ里山倶楽部のメンバーと、さらにときどき散策している地域住民である。

都市部でのコモンズの実践

この本の第1章では、自然を守るというときに、原生自然を追い求めるのではなく、人と自然との相互関係が重要であることを見た。つづく第2章では、そうした人と自然との相互関係を支え、同時に人々の利益にもなるような社会的なしくみとして、地域の人びとが共同で自然資源を管理・利用するしくみ(コモンズ)について考えた。

前の二つの章では、主に農山漁村の事例を使って説明した。しかし、都市部や、より現代的な状況のところでは、どうなのだろうか。現代でもコモンズは求められているだろうか。札幌市常盤地区の例を、もう少し見てみよう。どうしてKさんは、そのような活動を始めることになったのか。なぜ、それをグループでおこなおうと思ったのか。

Kさんがこの山林を守らなければと考えたそもそものきっかけは、この地域で広がっていた開発の波だった。一九九六年、Kさんの山林から北に約二キロのところの森に、ゴルフ練習場を建設する計画が持ち上がった。私有地の森だった。計画したのは民間業者。札幌市はこの開発計画事前申請書を受け取ったあと、地域住民に計画を告知した。

この告知を受けて、町内会や住民を中心に反対運動が起きた。計画予定地に隣接する町内会は、近隣町内会とも連携して札幌市議会に陳情書を出した。こうした動きを受けて札幌市は、この土地を「札幌市都市環境緑地事業」に基づいて買い取ろうとする。だが、業者との交渉は不調に終わり、翌九七年には、買い取りを断念して開発許可を出さざるを得なかった。同年末、ゴルフ練習場は完成した。

ゴルフ練習場の建設は、住民に失望感をもたらした。しかし、これ以上の開発を防ごうと、新たにいくつかの活動がこの地域に生まれた。Ｋさんが自分の山林を守ることを考えたのも、この問題がきっかけだった。Ｋさんの山林に隣接する山林もまた、すでに開発が進み、山は大きくえぐられ、資材置き場になっていた。Ｋさんは危機感を感じ、仲間に相談して「ときわ里山倶楽部」結成に至る。

ときわ里山倶楽部は、近隣に住む住民、森林ボランティアや森林保全に関心がある札幌市民などからなる（私も初期メンバーの一人だった）。Ｋさんの思いがあり、またこうした山林を守りたい、またそこで活動したいという住民がいて、一緒に活動しようということになった。

そして、ときわ里山倶楽部の活動は、Kさんの山以外にも広がった。ちょうどKさんの土地の南に接する山林三ヘクタールが、札幌市の「都市環境林」に指定されている。「都市環境林」は、市街地をとりまく一般民有林のうち、開発の危険がある地域を札幌市が買い取って保全するという制度である(二〇一六年一二月現在、三七ヶ所、合計約一七〇〇ヘクタール)。札幌市が買い取ったあとの山の管理は、役場だけではやりきれないので、協議によってNPOなどが担う場合もある。この三ヘクタールについては、ときわ里山倶楽部が管理している。

このように、ときわ里山倶楽部は、隣接する私有地と公有地の両方の管理をおこなっている。土地の所有形態がどうあれ、それを個人でなく集団的に管理・利用しようという動きは、今日多くの土地で見られる。それは、地域の人たちが伝統的な地域組織によってその自然資源を共同で管理・利用する旧来のコモンズの形とは少し違うと言えるかもしれない。しかし、これもコモンズの一形態だと考えると、コモンズの可能性も、人と自然の関係をめぐる可能性も、もっと広がるだろう。

市民による森づくり

ところで札幌市は、この都市環境林に近い制度として「市民の森」という制度も持っている。

都市環境林が私有林を行政が買い上げるのに対し、市民の森は、買い上げるのでなく、所有者と契約を結び、一ヘクタール当たり五万円の「奨励金」を支払い、森林整備をおこなうものである(同様の制度は全国各地にある)。

現在、札幌市内に六ヶ所、合計四二〇ヘクタールの市民の森があり、市民が散策を楽しめる遊歩道の整備などもおこなわれている。市民の森の森林整備、環境整備は、行政と森林所有者、そしてNPOも含めた協働でなされている。

コープさっぽろの森づくり．前年に植えた樹木の調査作業(北海道当別町)

北海道当別《とうべつ》町(札幌市の北に隣接する町)にある道有地の一部でも、市民による森づくりがおこなわれている。これは、生活協同組合コープさっぽろが北海道庁と森林づくりに関する連携協定を二〇〇八年に結び、それにもとづいておこなっている事業だ。北海道が保有する「道民の森」エリアの一部で、コープさっぽろの呼びかけに応じた市民たちが、森づくりに従事している。

年一回開く植樹祭に多くの市民が参加するほか、中心的なメンバーが年何回かワークショップを開きながら、育樹や管理をおこなっている。

私が参加した二〇一四年七月のワークショップでは、前の年に植えた樹木(多様な木を植えた)について、ちゃんと根づいているか、どのくらい成長しているか、雪で折れてしまっていないかなどを一本一本調べる作業がおこなわれた。作業のあとは、屋内に戻り、今後の管理計画について専門家(森と市民の橋渡しをめざした、森林管理のNPO)の助言のもとで話しあわれた。

このコープさっぽろの森づくりは、継続して参加している人が多い。将来どんな森にしたいか、どう管理すべきか、など意識の共有が進んでいる。

都市環境林も市民の森も、Kさんの山林もコープさっぽろの森も、それぞれ規模もやり方も違うものの、共通して、行政や所有者、NPO、地域住民がみんなで森林の管理・保全をしていこうという志向をもっている。それぞれの役割は、事例によって違う。しかし、どれも新しいコモンズの形態だと考えることができるだろう。

この新しいコモンズの特徴は、制度的な所有や権利より、それを守りたい、利用したいという人たちの意思が強く働いているということだ。

スペインのカンバドス干潟における採貝風景

スペイン　干潟のコモンズ

もう一つ例を見てみよう。今度はスペインの例である。

スペイン北西部のガリシア州にカンバドスという町がある。ガリシア州の海岸部はどこも漁業が盛んだが、このカンバドスも漁業の町である。とくにその沿岸に広がる広大な干潟で繰り広げられる採貝漁業は、この町を代表する光景である。

私が二〇一三年二月に訪れたとき、ちょうど一〇〇人以上の女性たち(一部男性)が干潟の上で貝採りしていた。壮観な光景だった。

ここで漁協のテクニカル・アシスタントをしているホセ・マリノさんによると、毎月一五日間くらいが、この採貝の日になる。いつそれをおこなうのかを決めているのは、この地区の漁協《コフラディアス》（カンバドス漁協）の採貝部会のリーダーたち。採貝ができるのは、この採貝部会に加入している人に限られる。現在二〇〇名余り。そしてその人たちは、毎月三日間ある部会の共同作業に必ず参加しなければならない。共同作業の九五％以上に参加し、さらには採貝日の七五％の日に採貝をしていないと、翌年の採貝には参加できないという。なかなか厳しいルールだ。

一九九二年までこの採貝漁業は実質上オープンアクセスだったが（誰がどれだけ採ってもよかった）、一九九二年に部会ができ、ルールが決められた。採れた貝は全量が漁協を通して売られる。これも新しいコモンズだ。

ガリシア州の漁業エリアでは、現在ホセ・マリノさんのような専門家が漁協に雇用されて張りついており、資源管理のためのデータを提供したり、行政当局と漁協との橋渡しをしたりしている。ホセさんたちの助言は、一方向的なものでなく、漁業者たち自身の知識も活用して、一緒に協議しながら資源管理のルールを決めている。

2 順応的管理と「正しさ」をめぐる問題

何重もの不確実性

日本の例もスペインの例も、ローカルな自然環境についてローカルの人たち(どういう人たちかはそれぞれ少し違うが)が、いくらかの約束事のもとで管理したり利用したりしようという営みだということがわかる。

それにしても、なぜ自然環境の管理はローカルにおこなったほうがよいのだろうか。国家や自治体が責任をもって管理するという形態では、だめなのだろうか。専門家も含めて、国家レベルの基準や制度の下で計画を立てて管理するほうがよいのではないだろうか。そう思う人もいるかもしれない。

このことを考えるときに鍵になってくるのが、「不確実性」という問題である。

私たちが対象にしている自然というものは、たいへん複雑である。何と何がどう関係して、全体としてどうなっているのか。それを研究するのが生態学などの自然科学だが、しかし、「全体」がいったいどこまでなのかもはっきりしない。個体と個体の関係、個体群と個体群の関係、地域の生態系と外部との関係、などあまりに変数が多すぎて、自然科学が現実に研究できるのは、そのごく一部にすぎない。さらに、私たちが対象にしている地域の自然は当然閉じておらず、外に開いているので、なおさらその複雑さは増す。

さらに、科学の手法そのものが不確実性をかかえている。科学は、対象の範囲を決め、条件を整えたうえでデータをとり、分析する。データから何かが明確に言えることは実は少なく、統計学の手法を使って、たとえば五％の危険率で（九五％の蓋然性《がいぜんせい》で）こういうことが言える、という「結果」を導く。しかも、こういう条件のもとでは、という注釈つきである。科学的な誠実さをもって研究すればするだけ、「こういう条件のもとではここまでは言える。しかし、それ以上はっきりしたことは言えない」ということになる。「科学の不確実性」と呼ばれる問題だ。

もう一つ忘れてならない不確実性は、人間の側の不確実性だ。研究する側は、何らかの必要性があって自然を研究する。それは、ここの自然破壊を食いとめたいという課題だったり、野生動物が増えて困っているという現実的な問題だったりする。そうした必要性は、時間がたつと変化する。必要性が変われば、調べるべき対象、管理すべき対象、あるいは研究方法も変えざるをえない。

順応的管理とは何か

対象の不確実性、科学の不確実性、そして社会の不確実性。人と自然との関係には、何重にも不確実性が横たわっている。確実なデータや確実な方針がないと何もできないと考えるなら、自然を相手には何もできないと白旗を揚げざるをえない。

では、どうすればよいのだろうか。

確実な答は出るはずもない、というところをまず出発点にする。確実な答を出すことが大事なのではない、問題が解決されることが人事だと考える。そう考えれば、とにかく試行錯誤しながらやってみる、というやり方がよいことに気づく。

データはきちんととり、科学的に分析する。そこから、こうすればよいのではないかというあくまで暫定《ざんてい》的な計画を立てて実施する。暫定的な計画だから、当初の予測通りの結果が出るとは限らない。結果を調べ、予想通りなのか、予想とだいぶ違うのか確認し、それによって次の計画を考える。もちろん、科学者だけでなく、その問題にかかわりのある人びとの間で合意形成をしながら計画し、実行する。

このような自然管理の方法を「順応的管理(adaptive management)」と言い、今日、資源管理や生態系保全の手法として世界的に広く使われている。「順応的管理」は、漁業など主に経済活動にかかわる自然資源管理の必要から生まれてきた概念で、一九七〇年代後半にカナダ・ブリティッシュコロンビア大学のC・S・ホリングらが提唱した概念だ。実際にそれが資源管理に取り入れられるようになったのは、一九九〇年代以降である。

ホリングは一九七八年の著書（*Adaptive Environmental Assessment and Management*）で、こう語っている。

「広範なデータがいくら集中的に集められたとしても、またシステムがどのように動いているのかをいくら知っていたとしても、生態系および社会について私たちが知りうる範囲は、知らない範囲に比べ、小さい。したがって、政策のデザインと評価の鍵は、不確実なもの、予期できないもの、知らないものにどう対処するかである。〔中略〕

試行錯誤にかえて、不確実なもの、知らないものを根絶しようとしてもだめである。そうすることは、十分な知識があるのだという幻想の下で、より厳格なモニタリングや規制をすることにつながる。そうではなくて、もう一度、試行錯誤のしくみが機能するような政策や経済発展をデザインすることが正しい道である。〔中略〕不確実性を減らそうとするだけでなく、不確実性から利益を得ようとする技術を使ったインタラクティブ（双方向）なプロセスこそ、順応的な環境管理の核心である。そこでの目標は、よりレジリエントな（回復力のある）政策を発展させることである」。

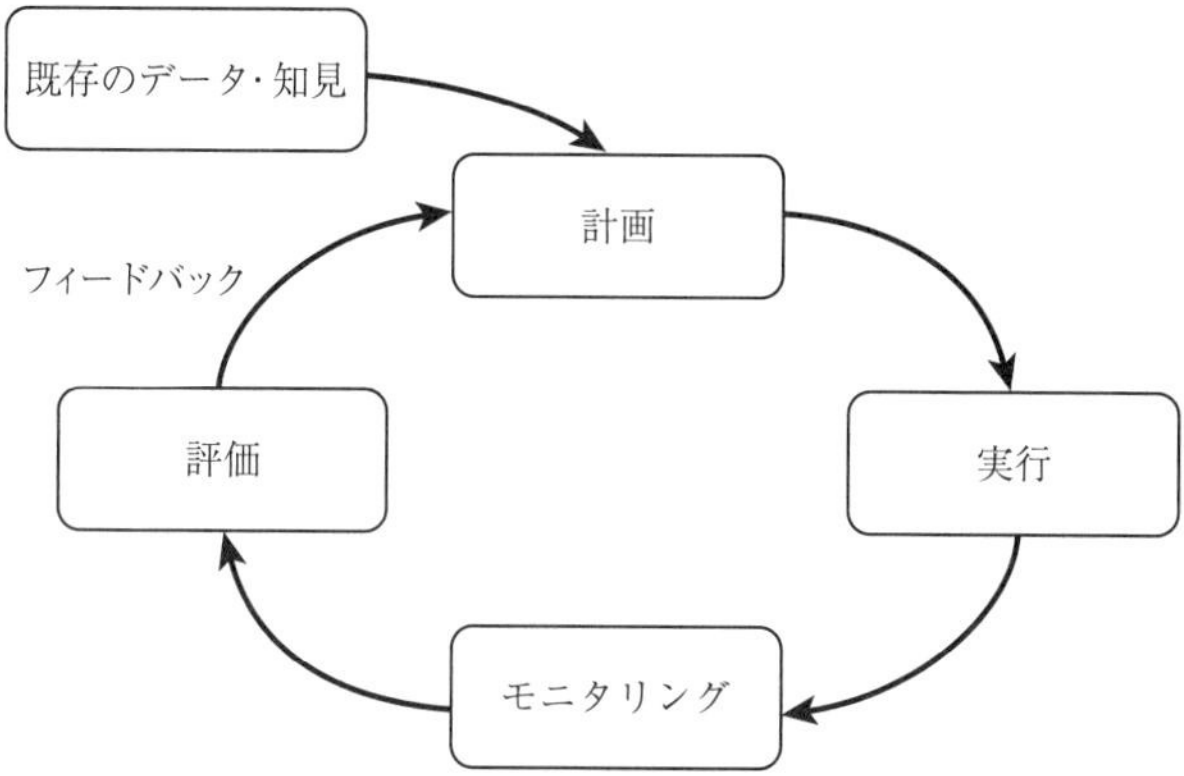

図6　順応的管理の方法

従来の、科学的な知識を増やしてそれにもとづいた「きちんとした」自然資源管理をおこなうという方法の欠陥を指摘し、不確実性が高い中で試行錯誤しながら管理していくことを提唱したホリングの知見は、ある意味、革命的だった。

このような順応的管理（図6）をおこなっていくとすると、それは、ローカルでやるしかない。地区によって条件の違う広いエリアでやろうとしても、試行錯誤はより複雑になるだけだ。生態系のまとまりや人びとのまとまりがある程度把握しやすいローカルなところでおこなうのが適している。

先ほど紹介したスペインのカンバドスでの干潟漁業でも、ローカルに資源管理がおこなわれている。地域に根ざした専門家と漁協が、協働で資源のモニタリングと管理計画づくりをおこなっている。

カンバドスに近いヴィーゴ大学のゴンザロ・マッチョさん(海洋生態学)は、そのことをこう解説してくれた。「大規模に資源量を測って、そこから計画を立てていくようなトップダウンの資源管理は、コストもかかり、小さな地区での漁業には向きません。だからこそ、テクニカル・アシスタントが各漁協に張りつき、ローカルな知識も積極的に取り入れ、生態と社会双方のモニタリングを実行しながら、資源管理をおこなっていくことが大事なのです」。

自然再生事業始まる

二〇〇二年、失われた自然環境を取り戻すための法整備として、日本では「自然再生推進法」が制定された(翌二〇〇三年より施行)。このとき、順応的管理の考え方が初めて法律の中に取り入れられることになった。

自然再生推進法第三条第四項には、「自然再生事業は、自然再生事業の着手後においても自然再生の状況を監視し、その監視の結果に科学的な評価を加え、これを当該自然再生事業に反映させる方法により実施されなければならない」という条文があり、絶えず検証してフィードバックしながら進めていくことが強調されている。これは順応的管理の考え方そのものだ。

さらに、同じ自然再生推進法第三条の第二項には、「自然再生は、関係行政機関、関係地方公共団体、地域住民、特定非営利活動法人、自然環境に関し専門的知識を有する者等の地域の多様な主体が連携するとともに、透明性を確保しつつ、自主的かつ積極的に取り組んで実施されなければならない」とあり、行政や専門家だけでおこなうのではなく、広く利害関係者が集まって進めることが提唱されている。それを踏まえる形で、同第八条には、さまざまな利害関係者が「自然再生協議会」を組織するという条項がある。

この法律に基づき、二〇一七年一月現在、全国二五ヶ所で「自然再生協議会」が設置され、自然再生事業がとりくまれている。

たとえば、福井県の三《み》方《かた》五《ご》湖《こ》では、以前より、悪化した水質の改善や生態系の再生が試みられていたが、二〇一一年に協議会が設立され、研究者、行政、漁協、民間団体、そして個人が参加することになった。それらが連携して多様な活動をおこない、全体として自然再生を図ろうという試みである。特産品だったシジミの生息地の環境を取り戻そうという試み、田んぼの用水に魚道(魚が通れるように設置された水路)を設けて田んぼに魚を戻そうという試み、さらには外来種の駆除や環境保全型農業の試みなど、多彩なとりくみがおこなわれている。

この協議会の実施計画には、こう書かれている。「実際に自然再生事業を実施する中では、当初の計画では想定しえなかった事態が発生することも考えられる。そこで、この自然再生事業実施計画も、中期・長期計画を立案しつつ、順応的に三年間を目安に取組の検証を行い、必要に応じて見直しをしながら事業を進めていくこととする」。より明確に、順応的管理の考え方が取り入れられていることがわかる。

順応的管理のモデルは、不確実な対象と不確実な方法論を前提に、モニタリングしながら計画を作り、また作り直していくこと、さらにはそこに多様な利害関係者の参画を保証すること、といった、すぐれた考え方が含まれている。

地域の人たちを軸にさまざまな利害関係者が協働で自然環境の保全・管理や利用にかかわり、さらに、硬直した計画ではなく順応的管理の考え方にのっとって管理をおこなう。これが現在「先進的な」環境保全で取り入れられている手法である。

順応的管理の失敗

しかし、この順応的管理のやり方がうまくいっていない事例も、実は少なくない。

静岡大学の富田涼都さんは、大学院生のときから、足繁く霞ヶ浦に通った。霞ヶ浦は、「自然再生事業」が国の制度として始まる以前から、さまざまな自然再生へのとりくみがなされてきたところだ。それは、自然再生推進法のモデルになったとも言われる。

しかし、富田さんは、霞ヶ浦に通う中で、〝伝統ある〟この霞ヶ浦の自然再生事業が必ずしもうまくいっていないことに気がつく。

たとえば、霞ヶ浦では、湖岸の植生を再生させるために、粗朶《そだ》(木の枝の束)が使われた。これは、粗朶によって波を消し、植生を回復させようとするものだ。さらに林産物である粗朶を大量に使うことで、林業の再興にも結びつく一石二鳥の事業とも言われた。粗朶利用そのものは一九九七年から始まっていたが、二〇〇〇年からは大規模な粗朶設置事業がおこなわれた。

しかし、この設置が、大量の粗朶を流出させ、漁網に引っかかるなどの問題を引き起こした。そのことが、漁業者や湖岸の住民の強い反発を招くことになる。行政が主催した「霞ヶ浦意見交換会」でも、この問題が大きく取り上げられ、行政や専門家、それにこの事業にかかわった環境NPOが非難された。

しかしながら、順応的管理の考え方を思い出してほしい。順応的管理では、失敗もまた、その大事なプロセスだった。不確実性があるからこそ、暫定的な計画を立てて事業をおこない、それを検証して次の計画を立てる。だとすれば、粗朶が流出するという「想定外」の事態は、実は「想定内」のはずだった。そもそも「粗朶」が選ばれたのも、そうした想定内としての失敗をある程度想定して、あとから回収がしやすいからだった。

しかし、大きな反発の中で、粗朶の事業は霞ヶ浦ではストップしてしまう。これはどういうことだろうか。住民たちが順応的管理の考え方を理解していないからだ、と住民の無理解を指摘すべきだろうか。

この事態を見てきた富田さんは、そう考えない。富田さんは、住民たちの反発は当然だと見る。なぜなら、この事業のリスクを負うのは事業者ではなく、住民、とくに漁業者たちである。失敗は織り込み済みという順応的管理のお題目を言われても、事業を実施している側とリスクを背負う側にズレがある場合、それは「言い訳」としか映らない。

もちろん、少し前に述べたように、順応的管理の考え方の中にはすでに、「利害関係者が集まって合意形成する」ということが方針として含まれている。しかし、富田さんは、霞ヶ浦の他の地区での事例を挙げ、合意形成の場が設定されたとしても必ずしもうまくいくわけでないことを指摘している。

その地区では、自然再生事業にとりくもうと、国土交通省が音頭をとって自然再生協議会（霞ヶ浦田村・沖宿・戸崎地区自然再生協議会）が設置された。住民たちも二〇名ほど参加した。この地区の規模からすれば、少なくない数の参加だった。住民たちは、生活の身近な問題として霞ヶ浦について関心があったからだ。しかしいざ協議会に参加してみると、話されることはあらかじめ決められた事業の話に限定されていた。事業は、湖岸の地形を一部改変することで、水辺の自然を回復させようというものだった。一方、住民たちが生活実感からもっているさまざまな関心、たとえば、霞ヶ浦全体の水質の問題といったことについては、議論すべき範囲の外ということで協議会では正面切って取り上げられなかった。その結果、住民たちは徐々に協議会から離れていったという（富田『自然再生の環境倫理』）。

「正しさ」をめぐる争い

順応的管理の考え方が間違っているわけではない。それでも順応的管理というモデルが、必ずしもはうまくいかないのはなぜだろうか。そこに横たわるのは「レジティマシーの問題」だ。

環境保全や自然資源管理の現場ではよく、このやり方とあのやり方とどちらがよいのか、なぜそんな管理が必要なのか、そのやり方は誰がよいと決めたのか、といったことが問題になる。「何が正しいのか」「何が正当と認められるのか」という正当性（レジティマシー）の問題である。

「レジティマシー」は、何か社会的に取り決めをして実行しようというときに、その決め方や中身が社会全体で「正しい」と認められているかどうかを示す言葉だ。

ある自然環境について、誰がどんな価値のもとに、かかわり、管理していくべきか、そしてそれについて社会的な承認がどうなされているのか。どの問題も答は一つでない。自然環境をめぐっては多様な意見や、やり方が存在し、ときにそれは対立をもたらす。それは「正しさ」をめぐる争い、レジティマシーをめぐる対立である。

もちろん環境保全の現場で、いつもレジティマシーが問題になるわけではない。しかし、いかなる場合でも、レジティマシーの問題は潜在的に存在している。問題がないときは気づかれないが、何かが起きたときに、レジティマシーの問題が突如顕在《けんざい》化する。

誰がかかわるべきか

たとえば、この章の最初にとりあげた札幌市の「ときわ里山倶楽部」や「都市環境林」「市民の森」の話に戻ってみよう。「ときわ里山倶楽部」は個人の土地をグループで管理する活動であり、「都市環境林」は行政が森を買い上げるしくみ、「市民の森」は私有林を行政が所有者と契約して管理するしくみだった。誰が所有しているのか、誰が管理しているか、というところでそれぞれ違っているものの、何らかのしくみのもとでみんなで管理していく、という点は共通しており、それゆえに新しいコモンズと言えるのではないかという議論をした。

しかし、そうした新しいコモンズ形成のプロセスで、しばしばレジティマシーの問題が浮上する。ある森があって、それを行政が管理すべきなのか、Aというグループが管理すべきなのか、Bというグループが管理すべきなのか。

北上川河口地域の事例で見てきたような伝統的なコモンズ（第1、2章）では、そこにずっと住んでいる人たちが、かかわる権利も義務も持っていた。それは一見自明のことだった。それでもときどきレジティマシーをめぐって争いごとが起きた（ヨシ原をめぐる権利争いなど）。まして新しく集団で管理しよう、という話が持ち上がったようなところでは、実際に誰がそれを担うのか、誰がその権利をもっているのか、争いごとが起きやすい。「お前がやるべきだ」という押し付けあいになるかもしれないし、逆に、「私たちが管理する権利をもっている。あなたたちは黙っていてくれ」という争いごとになるかもしれない。

行政が買い上げた森について、行政が地元のあるNPOと提携して協働で管理するという試みをおこなっていると、他のグループから「なぜあのNPOだけなのか」という批判を浴びることもある。

このように、誰が自然にかかわるべきなのかという問題がまず、環境保全をめぐるレジティマシーの問題として存在している。

どのような価値を重んじるのか

これを一つ目のレジティマシー問題とすると、二つ目のレジティマシー問題は、どんな価値が重んじられるべきなのかという問題である。

多くの人が自然を保護すべきだと考えるようになっている、といっても、その考え方の幅は実はたいへん広い。人間の手がまったく入っていない原生自然を守ろうというもの、希少種や絶滅危惧種を守ろうというもの、美しい景観を守ろうとするもの、特定の動物を守ろうとするもの、特定の木や植物を守ろうとするもの、人間が楽しめるような形での自然を守ろうというもの、人間とのかかわりの深いいわゆる里山環境を守ろうというもの、など、同じ自然保護の中にも方向性の違うものが多く存在している。

これらはもちろん重なり合っているのだが、相互に矛盾する部分も少なくない。どれが最優先なのか、最初から決まった答があるわけではない。善意で「自然を守ろう」と集まった人たちが、徐々にその力点の置き方の違いが明らかになって対立してしまう、ということも珍しいことではない。

価値と価値の衝突、というと多くの人は、環境か経済かというおきまりの「対立」を考えがちだが、実際の現場では、むしろ自然保護派同士の対立や生活者同士の対立など、もう少し多様な衝突が存在している。価値は一つでもないし、二つでもない。多様に存在しているのである。

誰がどう承認するのか

問題はそれだけではない。どんな価値を重んじるべきなのか、誰が担うべきなのかといったことについて、最終的に誰がどうそれを承認すべきなのか。それが第三のレジティマシー問題である。

複数の価値があるとして、そのどれを選ぶのかについて、誰がどういう形で決めればよいのか。みんなの意見を聞いたうえで行政が最終的に決めるべきなのか、みんなでとことん話しあって決めるべきなのか、そうした場合の「みんな」には誰を入れるべきなのか。住民全体が納得することが必要なのか、議会で決めるべきなのか、第三者が判定すべきなのか。みんなが承認したということをどうやって測るのか。環境にかかわる価値や担い手を誰がどのような手続きで承認するのか、という問題は、レジティマシーの根本問題でもある。

社会心理学者の大沼進さん（北海道大学）らの研究は、このレジティマシー問題について、おもしろいデータを提示してくれている。

大沼さんらは、ドイツ北部の町レンゲリッヒで市民参加によって決定された計画を例にとり、この計画が一般市民によって評価されているのかどうか、つまりレジティマシーを獲得できているのかどうかを調査した。

この町では、市街地近くの工場跡が放置されたままになっていて、そこをどう再開発すべきか、市民参加での計画づくりがおこなわれることになった。一九九七年、無作為抽出で選ばれた市民が四日間集まって議論し、再開発計画を決めるというやり方がとられた(このユニークな合意形成の手法については一四五ページで後述)。大沼さんらは、一般市民を相手に質問紙調査をおこない、この計画決定がどのくらい市民の支持を得ているのかを検証した。

調査の結果、この政策決定のやり方は全体として高い評価を得ていることがわかった。そしてその高い評価が何に由来するのかと言えば、議論の参加者が住民一般の意見を代表しているという認識、そして行政が十分に情報を提供したうえで議論をおこなっているという認識から来ていることが明らかになった。つまり参加者の代表性や情報共有について支持があり、そのことがこの計画決定自体のレジティマシーを支えているということがわかったのである。

とはいえ、同時に、何割かの市民がそうは思っていないということも明らかになった。レジティマシーは一〇〇%ではないのである(広瀬幸雄編『リスクガヴァナンスの社会心理学』)。

世界は多様な価値に満ちている

このようにレジティマシー問題がむずかしいのは、決まった答がないということだ。社会にはいろいろな考え方が並行して存在していて、明らかに間違いなものもあるが、たいていは、どの考え方も間違っているわけではない。ある考え方の人から見ると、別の考え方の人は間違っているように見えるが、それは一元的には決められない。

社会、あるいは地域に、さまざまな価値(多元的な価値)があることをまず認識しよう。ある特定の価値からのみ問題に注目してしまうと、他の価値が見えにくくなってしまう。

環境保全に熱心な人びとは、ときに、多様な価値を無視してしまったり、自分たちの価値vs「一般の人びと」の無関心、という図式を描いてしまうことがある。さまざまな価値が存在しており、それはそれぞれ相互に理解しなければならない、ということをまず認識したい。

そしてその価値の多くは、ただ単に「個人的な考え方」というものではない。それぞれが歴史的につちかってきた文化を背景としている。それぞれの価値は、属している社会集団の影響を受けていたり、あるいは生きてきた時代の影響を受けている。つまり単純な「個人的考え」

ではなく、何らかの社会的な背景をもった価値がほとんどだ。

さらに、場合によっては、一人の個人の中に複数の価値が宿っているということさえある。これは、けっして珍しいことではない。同一人物の言うことが状況によって変わる、というのはよく経験することだ。これは、意見が変化するというよりも、もともと複数の価値が個人の中にあって、ある状況の中ではある価値が、別の状況では別の価値が表に出る、ということだと理解したほうがよい。

環境問題を考えるときには、こうした多元的な価値に対する感受性、人間存在や社会に関する感性が大事になってくる。世界は多様な価値に満ちていて、それらはときに共存し、ときに対立する。このこと自体はもちろん悪いことではない。価値の多元性は、健全で持続的な社会の必須要素だとさえ言える。みんなこういう価値を持つべきだ、という一方的な思い込みでは、環境保全は進まない。

3 多様な合意形成の形

むずかしい「合意形成」

価値は多元的に存在する。どれが正しいかは最初から決まっていない。では、そのうえで、現実の環境保全はどうすればよいだろうか。

大事になってくるのは「合意形成」、つまりは、話しあって決める、ということだ。先に見たように、自然再生推進法にも、自然再生事業を実施するときにはさまざまな利害関係者が「自然再生協議会」を組織すべし、という条項がある。協議会を作って、そこでいろいろな人が集まり、議論して、合意形成せよ、というのである。

いろいろな人が集まって、話しあって決める。なぜそれが大事なのか。なぜ科学的な知見に基づいた方針を粛々《しゆくしゆく》と遂行するだけではだめなのか。

繰り返し述べてきたとおり、どういう環境保全の形が正しいか、という答はもとから存在しないし、科学がその答を出すことはできない。それを決めるのは科学でなく、社会である。そして立場、考え方によって、望ましい姿は変わってくる。だから、話しあって決める必要がある。

もちろん、いろいろな人が、と言っても、まったくその自然に縁のない遠くの人が集まる必要はない。その自然に何らかの利害や関心をもつ人たち、つまりは利害関係者（ステークホルダー）が集まって話しあうことになる。

しかし、私たちがいつも経験しているように、話しあって決めるというのは案外むずかしいものである。いろいろ意見は出るけれども、うまく議論がかみあわない、いつまでも平行線でなかなか結論を見ない、声の大きな人だけが発言して、なかなかみんなの率直な意見が出ない。そういう経験を私たちはたくさんしている。

ワークショップという技法

どうやれば合意形成はうまくいくのか。それを求めてさまざまな技法が開発されてきた。ある町で街路樹をめぐる合意形成のために開かれた会合の様子を、ここでのぞいてみよう。四〇名くらいの市民が集まっている。まわりには行政の関係者もいる。市民は八つのグループにわかれ、テーブルを囲んでいる。それぞれのテーブルで、町の街路樹をめぐる問題について話しあわれている。街路樹をもっと増やすべきなのか、枯れ葉や枯れ枝がたくさん歩道に落ちるという問題をどうすればよいのか、枝を広げすぎた木は枝を剪定《せんてい》すべきか、どんな樹種を植えるべきか、外来種の樹木がたくさん植えられているが伐採すべきか。まずは、各人が考えるところを付箋紙《ふせんし》に書いて、それを各自発表している。

そのうえで、いくつかの事項について各テーブルで和気あいあいと話しあいが進められている。話しあったことを模造紙に図式化して書き、最後に全体で、各グループから発表される。このような話しあい、合意形成の手法は、ワークショップと呼ばれる。この手法が日本に導入されたのは一九八〇年代のことである。

その先駆者の一人、千葉大学の木下勇さんがかかわった初期のワークショップの一つに、東京都世田谷区太子堂にある烏山川《からすやまがわ》の整備にかかわるものがあった。

この地を流れる烏山川は、かつて農業用水だったものだが、暗渠《あんきょ》として地下に隠されてしまっていた。この烏山川について、当時のまちづくり協議会（この地区では、まちづくりについて話しあい、実行する住民の組織として、まちづくり協議会が一九八二年に設立されていた）は親水《しんすい》公園（水に親しむことを目的とした公園）として再生させることを提案し、行政がそれを受けて事業化しようとしていた。木下さんもまちづくり協議会メンバーだった。

ところが、この事業計画に対し、一九八五年、突然、反対運動が起きた。よかれと思ってこの事業を考えたまちづくり協議会のメンバーや行政は、反対運動にびっくりする。そこで、木下さんらは、反対派を含めて協議を繰り返した。ただ話しあうのではなく、実際の現場を見ながら、地図の上に気がついた点や意見をカードに書いて張りだして整理する、というワークショップの手法が使われた（まだ「ワークショップ」という言葉は知られていなかったので、木下さんたちはあえて「ワークショップ」とは言わなかった)。その結果、二年かけて推進派と反対派の間に合意がなされ、反対派の意見や危惧をさまざまに取り入れた親水公園化が実現した(木下『ワークショップ』)。

こうした試みを先駆とする、まちづくりや環境保全のためのワークショップという技法は、一九九〇年代、とくにその後半より、各地で取り入れられるようになった。利害関係者が集まり、小グループになって話しあうというやり方が「ワークショップ」という名とともに浸透していった。

一口に「ワークショップ」と言っても、利害関係者が集まって小グループになって話しあうということ以上の技法については、さまざまなものが存在する。しかし、日本で最もよく使われている手法は、なんといっても、文化人類学者、川喜田《かわきた》二郎が考案したKJ法だろう。

KJ法は、カードや付箋紙一枚にキーワードや短文を書いていき、各自が書いたそれらを集め、議論しながらグルーピングしたり加筆したりしながら、全体として自分たちの考え方をまとめていくという手法である。

私自身もこれまで多くのところで、KJ法の手法を使ったワークショップをおこなってきたし、また、参加もしてきた。ただ人の話を聞くだけでなく、ただ意見をぶつけ合うだけでなく、みんなでアイデアを出しあいながら、一緒にまとめていくという作業は、参加者の満足度も高く、またそこから導かれたまとめや提案も、多くの人の納得が得られることが多かった。

ＫＪ法とワークショップの親和性が高かったために、日本でワークショップというと付箋紙を使ったＫＪ法というイメージがある。もちろんワークショップには、演劇手法やゲーム手法を取り入れたものなど、さまざまなバリエーションが存在する。しかし、いずれも、一人ひとりの参加をうながす点、実際に何か作業をともなったり体を動かしたりすることを含むことが多い点などが共通している。

ワークショップの実践

あるとき私が北海道日高町で役場と協働でおこなったワークショップは、次のようなものだった。

まず第一回目のワークショップでは、町のさまざまな人に集まってもらい、「日高町のいいところ」を話しあった。学生も入れて全部で二〇名ほどの参加だったので、五、六人のグループにわかれ、それぞれのグループで「日高町のいいところ」を出しあった（学生たちは引き出し役になった）。各自で付箋紙に思いつくまま書いてもらったあと、それを各グループで模造紙に

まちづくりワークショップ（北海道日高町）

貼りながら話しあう。それを最後に全体で発表した。

「めずらしい野菜がある」「毎日季節を感じられる」「鹿肉が食べられる」などなど、さまざまに出てきた意見は、住民同士で自分たちの町を再認識することにもつながった。

その二ヶ月後に開いた第二回目のワークショップでは、第一回目に出てきたことを参考にしながら、もし日高町を楽しむツアーを組むとしたらどんなツアーが考えられるかを、各グループで検討した。まずは、「ブレインライティング」という手法を使って、アイデア出しをした。六人ほどの人が囲むように座り、全員が一斉に三つずつアイデアを書く。それを横の人に回して、横の人はそこからまた三つのアイデアを書く。それを一巡するまで続けるというものだ。

そして、そこで出たアイデアを使い、KJ法でツアー企画を考え、最後に全体で報告しあった。わきあいあいとした話しあいからは、「日高ミステリーツアー」「日高「獲る」ツアー」など、日高町の自然と文化を活かしたユニークなツアー案がいくつも生まれた。その後も、実際に町を歩いてみる、など日高町のワークショップは続いた。

しかし、とくにまちづくり関連で多く使われてきたこうしたワークショップの手法には、限界もまたある。ワークショップは、具体的な何かを作っていったり(たとえば公園など)、計画を立てたりする場合にはよく適合しているが、AかBかどちらかを選ばなければならない、というものについては若干苦手にしている。また、誰がワークショップに参加するのか、という問題については、ワークショップの技法そのものは何も語ってくれない。したがって、多くの場合、もともと関心がある人だけに限られてしまう危険があるし、事実そういう場合が多い。

無作為抽出された市民による討議

そういう欠点を補う技法として、「無作為抽出された市民による討議」という技法が開発されている。これは、ドイツでは「プラーヌンクスツェレ(計画細胞)」として以前からおこなわれていたものを、日本に導入しようとするものだ。

プラーヌンクスツェレとはどういうものか。たとえばある町の都市再開発計画を例とすると、まずその計画を話しあうために、町の住民から無作為で二五名程度を選んで集まってもらう。集まった住民たちは、専門的な知識の提供を受けながら、四日間ほど討議を繰り返す（五名ずつの小グループにわかれて討議する）。そして、最後に全体で提言を決める（二五名、四日間、五名という数字は、提唱者であるペーター・C・ディーネルが提案している数字である。ディーネル『市民討議による民主主義の再生』、篠藤明徳『まちづくりと新しい市民参加』）。

先ほど大沼進さんらの研究で紹介したドイツの町のやり方が、このプラーヌンクスツェレだった。司法における裁判員制度にも似たこの手法は、無作為抽出であるがために幅広い住民がカバーできる。さらに、住民が討議を繰り返す中で、住民目線のバランス感覚ある結論が出る可能性が高いとされる。

プラーヌンクスツェレと似た手法として注目されているのが、「討論型世論調査（デリバラティブ・ポーリング）」である。米国のスタンフォード大学で開発されたこの手法は、やはり無作為抽出された市民によって討議を繰り返し（こちらは一日という場合が多い）、意見分布を討議の前と後で比べる。そして、市民が情報をきちんと踏まえて討議した結果の意見分布、「世論《ポーリング》」

を尊重する、というやり方だ。

いずれでも重視されているのは討議(ユルゲン・ハーバーマスの「熟議民主主義」の議論が踏まえられている)であり、議論の中で、お互い意見が変化し、熟成していくということである。最初から決まった「意見」を言い合って終わりではなく、多くの情報を取り入れながら、一緒に議論する。そのことにより、一見対立する議論に合意できるところが見いだされることもあるし、あるいは、よく話しあってみたところ、第三の解決策が見いだせた、ということもあるだろう。

プラーヌンクスツェレや討論型世論調査は、無作為抽出で選ばれた市民によるというところが味噌だ。それによってその地域の市民全体を反映するような意見分布が得られる、というところが利点だろう。

しかし、これは逆に弱点でもある。その問題に強い利害と関心を持つ人も、何が決められてもとくに影響がないという人も、同じ比重をもって意思決定に加わることになりかねない。それがかえってよい、という場合もあるだろうが、逆に、強い利害や関心を持つ人の意見が重んじられるのが望ましいということもあるだろう。どちらがよいか、これもまたレジティマシーの問題である。

ハイブリッド型市民討議

そのあたりを踏まえ、利害関係者の会議と無作為抽出で選ばれた市民による会議を並行しておこなうという、ハイブリッド型の手法も試みられている。

日本では、柳下正治さん(上智大学)たちが、名古屋市の一般廃棄物処理基本計画づくりに関して、このハイブリッド型の市民討議を試みた(二〇〇六〜〇七年)。

この名古屋の試みでは、まず計画作りについて市民からの提案をおこなう主体になる実行委員会を組み、そこが市民による討議を主催した。市民による討議は、利害関係者が集まってのステークホルダー会議と、無作為抽出で選ばれた市民による市民会議とを並行しておこなう。そして、ステークホルダー会議で出された案をもとに専門家チームがシナリオ案を作成し、それをもとに市民会議が議論するという形を繰り返した(柳下「ハイブリッド型会議の活用の可能性と限界」)。

ドイツ南部の都市カールスルーエでは、市内の渋滞を緩和するために路面電車を地下化するという計画について、ハイブリッド型の市民討議がおこなわれた(二〇〇一〜〇二年)。

まず、地元自治会や商店街、環境団体などが参加するステークホルダー会議が開かれ、専門家グループはそこに情報を提供する。ステークホルダー会議の答申を受けて、今度は、公募で集まった市民による会議が開かれ、そこで議論がなされる。そのあと無作為抽出で選ばれた市民の会議が開かれ、同様に議論がなされた。おもしろいことに、公募による市民会議と無作為抽出による市民会議では異なる結論になった。そこで、それらの議論を公開したうえで、最後には、市民による直接投票がおこなわれた（広瀬幸雄編、前掲書）。

誰が合意形成の議論に加わるべきなのか、ということ自体が、一義的には決められない問題であり、レジティマシーの問題でもある。また、以上のような議論の技法も、どれかが唯一絶対ではない。

無作為抽出された市民による討議は、どちらかというと、大きなエリアの人びとを広く薄く巻き込むような問題（たとえばリサイクル問題や交通計画）に適している。一方、ワークショップはもう少し利害関係がはっきりしているような狭いエリアの問題に適している。もちろん単にエリアの広い狭いだけでなく、その問題の質によって、適した合意形成の技法は違ってくる。実際の場面では、それに応じて複数の技法がとられるのがよいだろう。

合意とはいったい何だろうか

ところで、こうやって集まって話しあうという合意形成のさまざまな技法を使えば、問題は解決するだろうか。うまく環境保全は進むだろうか。

私自身、この一〇年以上、さまざまなところでワークショップのファシリテーター(進行役)をおこなったり、また一参加者としてワークショップに参加したりしながら、こうした合意形成技法の利点と弱点についていろいろ考えてきた。あるいは、もう少し根本のところで、合意とはいったい何だろう、ということを考えざるをえなかった。

一つには、何度も述べてきたように「誰が話しあいに参加すべきなのか」という問題は、なかなか簡単には解決できない。利害関係者を集める、無作為抽出で集める、二つを組み合わせる、というやり方も、では誰が利害関係者なのか、あるいは、無作為抽出で集められた人たちの意見だけで決めてよいのか、などの問題がどうしても残る。

逆に言うと、「誰が話しあいに参加すべきなのか」という問題は、最初から答が決まっているわけではなく、また一つの答があるわけでもない。

利害関係者を集める、と言っても、どこまでが利害関係者なのかは一義的に決められない。また、利害関係者だけ集めて談合的にやってよいのか、という批判が生じる場合もある。むしろ、利害関係者でなく、利害のない人を中心に話しあったほうがよい、という場合もあるかもしれない。話しあう問題が何なのかによって、誰が話しあいに参加すべきなのかも変わってくる。

さらにもっと根本的なことを言えば、果たして、合意形成は「話しあい」だけでできるものなのだろうか。

本来人間は、話しあってものごとを決めるだけでない、さまざまな決め方や合意のしかたをおこなってきた。一対一の対話を積み重ねて決める、ということもあるだろうし、話しあいではなく、何か一緒に作業しながら決まっていく、ということもあるだろう。理屈と理屈をぶつけあうのではなく、感情と感情がふれあう中で、次第に信頼関係ができ、その結果合意がなされる、ということも経験上よくあることだ。

合意形成が必要だ、と考え、そのための場を設定し、利害関係者を集めて合意を図ったが、途中から参加者が少なくなり、果たしてこの場だけで「合意」してよいのか、という問題が生じるケースも少なくない。

また、そうした場を設定したのに来ない人たち（あるいは途中で来るのをやめた人たち）がいて、その人たちが、その場で決められたことに反対し、合意の場で話しあってきた人たちと対立する、などという事態も現実に起きている。この場合、合意の場を設定したのだから、その場に出てこなかった人たちが悪い、とは必ずしも言えない。むしろその「場」そのもののレジティマシーが揺れているのである。この場合も、「場」を固定化させない意識、あるいは「場」は一つに決まっているわけではないという意識が必要だ。

そもそも、たとえば協議会という「場」を作って議論しても、そこで議論されるテーマが、参加者みんなにとってしっくりくるテーマとは限らない。とくに行政がお膳立てした「話しあいの場」では、初めから何を話しあうかが決められてしまっていることが多い。そこで「合意」したと言っても、それは最初に決められた枠組みの中での「合意」にすぎない。

参加者が話しあいたいテーマは、必ずしも一致していない。本来議論すべき問題は多様で、その場に表れた問題はその断片である。そもそも、議論すべき問題は常に変化する。

「話しあい」は、特定の時間に集まってテーブルを囲むという形だけに限定させる必要はまるでない。また言葉を使った話しあいだけに限定する必要もない。

いろいろな場面で、いろいろな形態でなされる対話、議論、共同作業、コミュニケーション、場合によっては対立も含めての総体が「合意」の場である。「合意形成技法」を使ったワークショップや無作為抽出手法による会議は、そうした場全体の中の一つ、というくらいに考えておいたほうがよいだろう。

「合意」を広く考えてみる

さらに、ここで言う「合意」が意味する範囲もまた、狭いところに閉じ込める必要はない。何か文書化して正式に残すような「合意」もある一方、これという文言に表れていなくても、何となくみんな納得した、という「合意」もあるだろう。

通常、合意とは「意見の一致」を意味することが多いし、そう考えている人が多い。しかし合意を「意見の一致」と狭くとらえてしまうと、そもそも完全な意見の一致などありえず、したがって合意は実に困難だという話になってしまう。

たしかに合意はむずかしい。しかし、「合意」を広く考えることにすれば、私たちは少し楽になるし、またそのほうが実態に即している。

現場でおこなわれている「合意」の多くは、完全に意見が一致したというよりも、信頼関係のうえの妥協だったり、相互理解による納得だったりする(第2章の九九ページでは、地域社会における「納得」の大事さについて触れた)。ちゃんと話しあったたし、こちらの意見も聞いてもらったし、相手の気持ちもわかったたし、何より同じ時間を共有して信頼関係ができたたし、といったことが、つまり「合意」なのである。

合意の本質は多角的なコミュニケーションに基づく納得であり、合意形成とは、納得へ向けての多面的なプロセスの束《たば》である。

4 順応的なガバナンスへ

柔軟性や順応性をもったモデル

不確実性と多元的な価値という現代的な状況の下で、新しいコモンズはどう形作っていけるだろうか。この章で考えたいのはそこだった。

科学がすべてを決めることはできないため(不確実性)、ローカルなレベルで試行錯誤しながら決めていくしかない。不確実性を踏まえた管理として、計画－実行－モニタリング－検証－再計画、を繰り返す順応的管理が重要になってくる。しかし、順応的管理の手法だけでは、うまくいかない。というのも、誰がどういう価値でその問題を解決すべきか、それはどう社会的に承認されるのか、というレジティマシーの問題が横たわっているからである。レジティマシーは最初から決まっておらず、具体的な社会的プロセスの中で決まってくる。だからこそ合意形成が重要になってくる。そして合意形成とは、納得や信頼を軸とした多面的なプロセスの束だった。

では、価値の多元性、レジティマシーの可変性、合意の多面性といったものを前に、コモンズ・モデルをどう組み直せばよいのだろうか。

政府だけに統治を任せるのではなく、社会の各層が役割分担しながら統治をおこなっていくことをガバナンスと言う(「ガバメントからガバナンスへ」と言われる)。環境ガバナンスと言えば、環境問題について、政府はもちろんのこと、多様な関係者(自治体、NGO／NPO、企業、市民など)がそれぞれの役割を果たしながら、全体として解決へ向けてとりくむしくみを指す。

新しいコモンズのあり方、つまりは自然環境をめぐるガバナンスのあり方はどうあるべきだろうか。

複数のゴール

多様な価値や不確実性を前提としたガバナンスを考えるとき、鍵となるのは、柔らかいしくみを考えることだ。固いしくみでは、多様な価値、変化する状況に対応しきれない。柔らかい、順応的なガバナンス・モデルが求められる。

具体的にはどういうことだろうか。何がそのポイントだろうか。

順応的なガバナンスの第一のポイントは、複数のゴールを考えるということである。同じ「自然を守ろう」にもいろいろあるということを認識し、できれば狭い単一の目標を立てないこと。「自然」から入って出口が「産業振興」だったとか、「地域資源活用」から入って出口が「住民の福利の向上」だったとかいった、複数のゴールを柔軟に認めることが大事になってくる。

兵庫県豊岡市は、コウノトリの野生復帰で有名であるが、コウノトリを軸にした地域づくりで多様な展開をしていることでも知られる。いったん絶滅したコウノトリを人工飼育することに成功し、さらに二〇〇五年からは野外への放鳥を進めている(第2章扉写真)。そうした自然再生と並行する形で、コウノトリが棲める環境づくりをめざして「コウノトリ育む農法」と名づけられた環境保全型稲作が推進され、地域のブランド米として経済効果を上げている。環境保全型企業への支援も積極的におこなっている。さらには、コウノトリを求めて観光客も多く集まっている。

また、豊岡市では、二〇〇四年に台風二三号による大規模な水害に見舞われたことから、河川沿いの湿地面積を増やすことで、水害に強いまちづくりにもとりくんでいる。湿地面積を増やすのは、水害対策と同時に、コウノトリにとって棲みやすい環境づくりも目的としている。

さらには、市内の各地区でも、さまざまなまちづくりのとりくみが見られるようになった。木質バイオマスエネルギー、地産地消、さらには休耕田を利用した湿地再生、などなど、その実践は多岐にわたる。コウノトリの野生復帰だけならば、おそらく地域の人たちもそれほどこのとりくみに関心を寄せなかったかもしれない。そこに産業振興やまちづくりの目標を並行させることによって(複数のゴールの設定)、豊岡市の実践は持続的なものになっている。

試行錯誤を保証する

順応的なガバナンスの第二のポイントは、試行錯誤を積極的に認めるということである。行政も専門家も、しっかりした計画を立てたがる傾向がある。しかし、細かな計画は、実は役に立たないことが多い。価値は多様に存在し、どの価値が重んじられるかについては変化する可能性がある(つまり、レジティマシーが変化する可能性がある)。そういうときに、「しっかりした」計画は、逆に障害にすらなる。

むしろ望まれるのは、試行錯誤を保証するしくみである。試行錯誤を認めない固いしくみは、プロセスそのものを立ちゆかなくしてしまう危険性がある。

行政や専門家は、最低限、試行錯誤を邪魔しないことが大事だし、さらには試行錯誤を側面支援することが求められる。

試行錯誤を側面支援するとは、制度面で言えば、単一の硬直化した制度ではなく、複数の柔軟な制度を用意するということだ。選択できる複数の制度が用意されているということは、動きがストップして、にっちもさっちもいかなくなってしまうことへのリスク回避になる。さらには、寄り添いながら支援をする人を配置し、その試行錯誤を支援することも大切だ。モデルや事業を上から持ち込む人でなく、試行錯誤に寄り添って必要なときに必要な支援をする人が求められる。

誰が地域の環境保全を担うのか、誰が担い手なのか、ということについても、最初から決めてかからないほうがよい。ある人びとが環境保全の担い手として重要な役割を果たしていたとする。もちろん最初は、その人たちを軸に考える。しかし、地域における課題は徐々に変化する。ちょうど他の人たちが、別の動きをし始める。それは前の人たちと少し価値観も方向性も違うが、そこにもフォーカスを当てる。担い手は徐々に変化し、そのことによって地域の持続性が確保される。誰が担い手になるのかについても、試行錯誤のプロセスが大事だ。

それは、地域の中の多様性への配慮、多様な視点や価値への配慮ということとも重なってくる。地域の多様性への目配りが、試行錯誤を生み、地域社会や自然の持続性をもたらす。

「環境問題」を教科書的に学んだ人は、この本のような問題の立て方に少し違和感を覚えるかもしれない。温暖化、生物多様性、砂漠化、森林伐採問題といったグローバルに「認められた」環境問題は、疑いのない「事実」であり、解決のための法制度やアクションが早急に求められる、といった言説に乗っかってしまうと、この本で言う、柔軟性や順応性ということは少々わかりにくいかもしれない。

しかし、グローバルな価値観やそれにもとづく固い制度は、しばしば、地域に衝突や葛藤をもたらす。第1章で見たように、自然を守る、生物多様性を守る、という価値に基づく施策が、地域の生活と齟齬《そご》をきたすことはよくあることだ。

求められるのは、豊岡市のように、グローバルな価値を地域の文脈のなかで組み直し、地域にとってよりよい多様な価値を実現するという方向である。そのためには、あまり単一の固い目標を立てるのではなく、複数のゴールを積極的に容認しながら試行錯誤していくしくみが必要だ。

では、そのようなしくみは、どうすれば可能だろうか。順応的なガバナンスはどのようにして可能だろうか。そのために、私たちには何ができるだろうか。次章では、そのことを考えてみたい。

第4章
実践　人と自然を聞く

1　聞くといういとなみ

奄美での聞き取りから

鹿児島県奄美大島の南部に位置する西仲間《なかま》集落（奄美市住用《すみよう》町）。この集落の公民館で、集まった六人のお年寄り（上は八六歳から下は七二歳）を囲み、聞き取りが始まった（二〇一三年一二月八日）。地元のNPO法人すみようヤムラランドと鹿児島大学（当時）の岡野隆宏さんたちが連携して地域の人びとと自然との関係を記録しようという会だ（「ヤムラランド」は「やめられない」の意味）。私も一緒に、お年寄りたちの話に耳を傾けた。

川の話が出た。

清い川と書いて「キョンコ」と言います。小さい子どもたちは「ピョンコ」と呼んでます。

「キョンコ」とは、集落のすぐ横を流れる川の、少し深くなった部分の名称だ。

住民から人と自然の関係を聞く（奄美大島西仲間集落）

小さいころは、大きい石からよく飛び込んだものです。でも、キョンコは神高い（霊的なエネルギーが強い）から、今でも、夕方になったら私は行きません。ツワブキやタケノコ、ソテツのあく抜きもキョンコでやりました。籠《かご》に入れて浸しておいて、一晩置くとあくが抜けるのです。流れないようにまわりに石を置いてね。

一方、集落の前を流れる大きな川（住用川）では、アユ、カニ、エビなど、さまざまなものが獲れた。

カニ（モクズガニ）は、アネク（籠）に餌を入れて獲ります。川を仕切って真ん中に竹の籠を編んで置いて、カニも魚もみんなそこに入るしかない形にして獲っていました。しかし、今は、減少したリュウキュウアユの保全のために、それはしないで、ただ籠を川の底に沈めておいて獲ります。

住用川のカニは、入会権《いりあい》があるので、入札があります。九月九日に開票します。川を場所で区切って、一番〔の区域〕は誰々がいくら、二番は誰々がいくら、と五番まであります。入札したお金は部落〔集落〕のお金になります。今年の入札は一万円くらいでした。以前はもっと高かったのですが。

ソテツの話にも及んだ。奄美では、ソテツは一時食糧としても重要だった。

カナヅチで割って中の実をとって、臼《うす》で砕いて、乾燥させます。それでソテツの粥《かゆ》を作っていました。このあたりにはソテツはないので、〔海岸近くの〕ミヤザキ〔地名〕へ行ってソテツを採っていました。途中に「アヨ」っていう岩場があって、潮が満ちたら歩けなくなるので、潮が引いている間に行って帰ります。皮を削ってシンガイ〔ソテツの幹の芯からでんぷんをとって作ったお粥〕も食べました。中毒にならないように、水で何回もさらして。でも、ナリガイ〔ソテツの実からでんぷんをとって作ったお粥〕のほうがおいしかったです。

聞いているうちにお年寄りたちの話はどんどん広がり、小動物の話、魚の話、お祭りの話、家畜の鳴き声の話、昔たくさんあった水車の話、サトウキビの話、そして奄美で「ケンムン」と呼ばれる妖怪の話、などたいへん多岐にわたった。聞いているこちらも楽しくなる話だった。

私は、話を聞きながら、お年寄りたちの経験を生かすような自然環境のガバナンスはどのように可能だろうか、と考えていた。お年寄りたちの話には、これからの人と自然の関係を再構築していくためのヒントがたくさんあるような気がした。グローバルな価値がトップダウンで降ってくるのではない、ボトムアップによる環境ガバナンスを実現するためのヒントがそこにあるように思われた。

数値化による自然把握

今日試みられている環境ガバナンスの手法の一つに、マクロ・レベルから定量的にアプローチしようというものがある。

たとえば、環境省の生物多様性センターのサイト(http://www.biodic.go.jp/)には、生物多様性にかかわるさまざまな数値データがGIS(地理情報システム)で蓄積されている。このサイトでは、各地の植生であったり、貴重な植物の生息場所だったり、あるいは、それぞれの湖沼がどういう水質の現状にあるか、また、各地の湿地の生物相がどうなっているのか、などが地図上に示される。

このような地図づくりは、まだ途上のものであるが、ある程度進んでいて、データの多くは公開されている。それらをもとに指標化して、生物多様性が低下しているのか向上しているのかを地域ごとに評価するようなやり方も進んできている。

また、一九八〇年代に米国で開発されたＨＥＰ（Habitat Evaluation Procedure、ハビタット評価手続き）という手法は、開発が計画されている地域について、評価の対象にする種をまず選び、その種が生息する環境として適切かどうかを数字（生息地としての適性度×面積）で表し、それが開発によってどう変化するかを定量的に分析する手法である。これは開発によって減少する生態系の価値を、その定量化された分、他の土地で代替措置をとる（生物多様性オフセットという）ために開発された。

さらに、生物多様性の価値をお金に換算するという手法も進んでいる。国際的にとりくまれた「生態系と生物多様性の経済学（ＴＥＥＢ）」という研究プロジェクトでは、生態系にはどのくらいの経済的価値があるか、そして現在進んでいる生態系の喪失がどのくらいの経済的損失をもたらしているかを、定量化して見せた（ＴＥＥＢの報告書については、原文も日本語訳も公開されている。「ＴＥＥＢ」で検索のこと）。

たとえば、沿岸の湿地帯がもつ種々の生態系サービスをあわせて金銭換算すると、一ヘクタール当たり年間一九九五ドルから二一万五三四九ドル、温帯・亜寒帯樹林だと一ヘクタール当たり年間三〇ドルから四八六三ドル、というふうになっている（ずいぶん幅がある数字だが、沿岸湿地帯は世界の三二ヶ所から、温帯・亜寒帯樹林は四〇ヶ所からデータをとって推計したものなので、そういう幅になっている）。日本でも環境経済学者たちが、生物多様性の金銭換算を現在盛んに試みている。

こうした定量的な手法は、全体の傾向を見たり、広いエリアでの全体的な方策を考えるときには威力を発揮するように思われる。その意味では、十分に使えるものだし、活用に値するものだと思う。

「ｐｐｍに気をつけろ」

しかし一方で、それだけでよいのか、と私は思ってしまう。こういうやり方では、奄美のお年寄りたちの話のようなものが、何か抜け落ちてしまう。

思い出すのは、かつて公害反対運動のオピニオン・リーダーだった宇井純さん(一九三二〜二〇〇六年)の、「ppmに気をつけろ」という言葉だ。

公害問題の深刻化が社会的にも認識された一九七〇年代初頭、国会で公害防止関連の法律が整備され(一九七〇年)、環境庁(現環境省)も設置された(一九七一年)。そうした法律による公害規制の中心をなしたのは、数量規制だった。汚染物質は何ppm以下でなければならない、といったものだ。

しかし宇井さんは現場での公害経験から、そうした数量規制が不十分であることを見抜いていた。「安易に定量化して、現在の空気中の亜硫酸ガス濃度は何ppm、窒素酸化物は何ppmというふうにしてしまいますと、とんでもない間違いをおかすことがある」(「公害問題に現われた科学的方法論の限界」)、というのが現場経験の豊富な宇井さんの実感だった。

同じppmでも、それがどう人間に影響を及ぼすかは、その土地その土地の文化や習慣などでずいぶん違う。そもそも公害は複雑であり、そこから定量化しやすい部分だけを取り出しても意味がない。にもかかわらず、「専門家」はすぐ数値化してわかった気になる。

一方、公害の被害者はそうはいかない。被害者は体全体で被害をこうむっている。そこには単に数値で表されないさまざまな側面がある。健康被害そのものに数字で表せない面があるし、さらに、健康被害から経済的な困窮《こんきゅう》、あるいは社会的な差別といった面に被害は広がる。したがって公害問題の解決は、安易に数値化しないで、被害者の実感、住民の実態に即して考えるべきだ、というのが宇井さんの主張だった。

「公害問題を見る限り、〔中略〕拡散の微分方程式などを使って住民を煙に巻く科学と、〔中略〕漁民や現地住民被害者の実感を取り入れていく科学と、どうも二通りの科学があるように思えてなりません」と宇井さんは看破《かんぱ》した。

私はこの宇井さんの言葉が、狭い意味での公害問題を超えて、示唆を与えてくれているように思う。

本書が扱っている自然環境の保全という問題についても、そこにある自然は、単なる客観的な自然ではなく、人間との多面的な関係を有した自然である。その自然と歴史的にかかわってきた、あるいは、その自然に深い思いがある、といった自然・人・暮らし・歴史・記憶の全体的なものがそこに存在している。

奄美のご老人たちの語りに、私たちが確かなものを感じるのは、それが全体的だからだろう。彼らの語りには、生物そのものの話、それを誰と獲ったかという「人」にまつわる話、それがどう生活に生かされたのかという話、どういうきまりがあったのかという話、家族・友人の話、景観の話、それを現在どう考えているのかという話、それらが一体のものとして現れる。

私たちが回復すべきなのは、指標化された自然の「部分」ではない。回復すべきなのは、自然の「全体」であり、自然と文化と歴史、人びとの生活が一体になったその全体である。

聞く

では、そうした全体的なものを把握するにはどういうやり方があるだろうか。

最も有効な方法は「聞く」ことである。「聞く」といういかにもシンプルな方法が、実は最も大切な方法だ、と私は考える。

北海道日高町に千栄《ちさか》という集落がある。千栄は、日高山脈の北に位置する山あいの集落である。私は、そこで、学生たちと一緒に、住民たちの話に耳を傾けた。

一九三一(昭和六)年生まれの矢野モモヨさんは、こんな話をしてくれた。


私ね、一一歳の時に母を亡くしたの。父親は元気だったんだけど、私ら兄弟は伯母さんところに移ってね、面倒見てもらうことになったの。

兄弟は昔から仲がよくて、よくみんなで川へ行って魚をつかんだね。糸にミミズを通し

住民の話に耳を傾ける(北海道日高町千栄)．写真左は矢野モモヨさん

て、川におろすと、カジカがたくさんついてくるから、それを捕まえて焼いて食べるの。キュウリもみなんかに使うと、すっごくおいしいの。土用の丑《うし》の日は、数珠のようにミミズを糸につけてね、カジカがわあっと寄ってきたらそれをバケツへ入れてね、たくさん釣ったよ。昔は煮干なんて全然売ってなかったでしょう。だからカジカを捕ってカリカリに干して、ダシにして、キュウリもみや味噌汁にいれて。キュウリもみは、カジカを小さく粉々にして入れたキュウリのなますなんだけど、あれの味は忘れられない。

　それから、背中がエビみたいに縞模様になったサルカニ。山の川のきれいなところでそれをとってきて、焼くと真っ赤になるの。それを皮むいて食べるのね。あのハサミに挟まれると痛いのよ。

よく山へ行ってはきのこを採ったよ。親について行って、マイタケやムキタケを採った。薄い皮をむいて味噌汁へ入れてボリボリ食べたの。

自然と豊かな関係をもっていた幼少期の話だ。生活のなかに自然がある。しかし、矢野さんの話は、そんな話ばかりではない。

私が一番最初にお金をもらって働いたのはね、中学生のときだった。山へ行って、男の人が木切るでしょ、その木の雪はね〔雪かき〕したの。それが一日七〇円。私以外の兄弟は、なんとか伯母さんに面倒見てもらえるし、父親もいたから生活できるでしょう。だけど、私は中学校終わってからここの木工所に勤めたじゃない。昭和一七年かそこらかね。最初は一日九〇円。

そしてここで働いて、辞めたときが二五〇円。それでも、家庭を持っている男の人より二〇円高かったの。木工所ではね、機械から出てくる製材を引っ張る仕事をしたの。力仕事だね。のこの目立て〔のこぎりの目を研いで鋭くすること〕もした。女の人は他にいなかったの。

結婚相手は同級生だったの。もう小学校からずっと一緒で。そして昭和二一年に結婚した。小さいころから畑仕事はしていたけど、結婚してからも、大体のものを畑で作ってたよ。当時はそれはもう忙しくてね。夜なんて、寝たんだか寝ないんだかわかんないくらい。農家は年に一回しかお金が入らないでしょう。旦那がアルバイトに行くときもあったんだけど、それで農繁期に旦那が家にいないと私が働くしかなくて。稲刈って、束ねて、竿《さお》にかける作業を、旦那が帰るまでにやったね。そのときはタカジョウ〔地下足袋のこと〕が凍るまで作業してたの。でも遅い時間まで仕事してるの、人に見られたら恥ずかしいでしょう。だから、帰宅途中の夜学の生徒が通るときは隠れてね、その人たちがいなくなってからまた〔夜中の〕一時や二時まで仕事したね。ほんとに寝る暇なんてなかったの。

矢野さんの話は、自然との豊かなかかわりだけでなく、木工所での仕事、厳しい農作業など多岐にわたった。それらが全体として矢野モモヨさんの生活だった。こうした生活全体のなかに自然がある。

自然の体験も生活の体験も、本来身体的なものであり、多くの人は、とりたてて人に語るようなことだとは思っていない。だから、放っておくと、それは歴史の中に埋もれてしまい、人びとの記憶から消えてしまう可能性もある。何かその自然への開発がおこなわれようとしたとき、そこに人とのかかわりがどのくらいあったか調べようとしても、文書に書かれていることはたいへん少なく、だから、無視されてしまうことが多い。

聞かないとわからない。聞かないと消えてしまう。

ふれあい調査

今日、道路、河川、発電所、宅地造成等について一定以上の開発をおこなおうとするとき、環境アセスメント(環境影響評価)が義務づけられている。

一九九七年に制定された環境影響評価法がその根拠となる法律であるが、この法律では、スコーピングという手法がとられている。スコーピングとは、その事業について、どういう環境への影響を評価するかを決めていく過程のことだ。スコーピングのプロセスでは、どういう方法で何を評価するかを広く一般に公開して意見を募集し、それを踏まえたうえで自治体が意見を述べることになっている。そういうプロセスを通じて、どういう範囲の影響をどのように評価するのかを絞っていく。

このスコーピングに指針を与えているものに、環境省のガイドライン（「環境影響評価法に基づく基本的事項」）がある。注目すべきなのは、そこに環境影響評価の項目として「人と自然との豊かな触れ合い」が入っているということだ。これは、一九九三年に制定された環境基本法の第一四条で環境保全の柱の一つとして「人と自然との豊かな触れ合いが保たれること」が位置づけられていることを受けている。この項目のもつ意味は大きい。環境アセスメントには、すでに制度としても、自然のアセスメントだけでなく、自然と人間の関係についてのアセスメントが入っているのである。

もっとも、現実の環境アセスメントでは、この「自然との触れ合い」について、そこにレクリエーションとして来た人が何人いるといった、内容的に浅い、定量的な評価にとどまっていることが多い。せっかくのガイドラインは十分に生かされていない。

「人と自然との豊かな触れ合い」を評価するのであれば、当然そこには地域住民の歴史的なかかわりが中心に置かれるべきだろう。日本における代表的な自然保護団体である日本自然保護協会は、そのギャップを埋めるために、「ふれあい調査」を提唱し、私を含む環境社会学の研究者もそれにかかわった。

「ふれあい調査」とは、奄美や北海道の例のような、地域住民と自然との歴史的なかかわり、地域の暮らしや文化を掘り起こし、その調査結果を環境保全や地域づくりにいかしていこうというものだ。環境アセスメントにもいかされることを期待して、環境影響評価の項目名「人と自然との豊かな触れ合い」から「ふれあい調査」という名前にした。もちろん、ふれあい調査はアセスメントのみをめざしたものではない。

ふれあい調査の中心はやはり「聞く」ことだが、そのやり方にはいくつかのバリエーションがある。

一つは、「五感によるふれあいアンケート」で、地域の人たちに、自然との体験について、(1)目に浮かぶ風景、(2)耳に残る音、(3)鼻に思い出す匂い、(4)肌によみがえる感触、(5)舌になつかしい味、(6)これからも大切にしたいふれあい、の六項目についてアンケート用紙に記入してもらうやり方だ(この「五感によるふれあいアンケート」は、滋賀県立大学の上田洋平さん(地域文化学)が開発した「心象図法」という方法から援用した手法)。記入してもよいが、これらについて座談会形式でいろいろと話してもらってもよい。

そして、そこで出た話を、地図に落としていくと、より視覚的に地域の人びとと自然とのかかわりが見えてくる。その地図を見ながらまた話をすると、もっといろいろな話が出てくる。

そうやって、話をした本人たちも、自分たちの地域と自然について再認識することができる。

もう一つは、聞き取りである。こちらは一人ひとりにじっくり話を聞く形なので、「ふれあいアンケート」に比べ、より詳しいことを聞くことができる。

地域の中でそういう話をしてくれそうな人たちを探し（人から人への紹介になることが多い）、その人たちに一人一〜二時間、話を聞く。その人の人生、生活、自然との関係など多面的なことを話してもらう。地図や昔の写真があると、話を引き出しやすいだろう。

なるべくＩＣレコーダーに録音し、それを文字に起こし、そこで出てきた話をやはり地図に落としたり、年表にしたりする。あるいは、「遊び」「労働」「家事」「森」「川」といった分野別に整理してみるのもよいだろう。複数の人たちの話をそうやって地図や年表に落とし込んでいくと、地域の自然と生活が立体的に見えてくるはずだ。

図７は、照葉樹林で有名な宮崎県綾町で、日本自然保護協会が地域の人たちと協力して、ふれあい調査をおこなって作ったマップだ。自然、文化、歴史が一体のものとして地図に現れているのがわかる（本章冒頭の奄美大島の記録も、ふれあい調査によるものだった。ふれあい調査の詳細については、日本自然保護協会で頒布している『人と自然のふれあい調査はんどぶっく』を参照）。

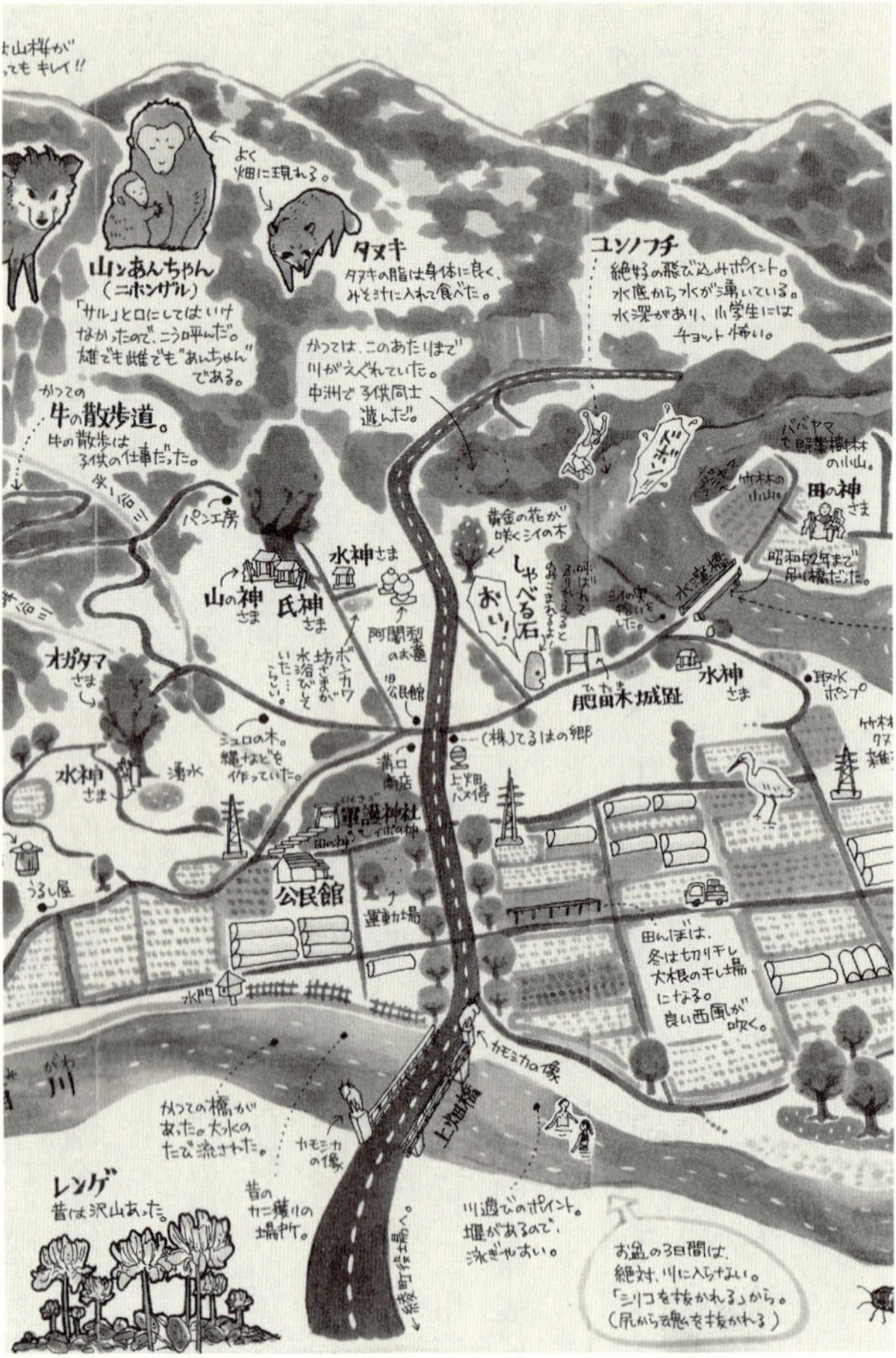

図7　宮崎県綾町上畑集落のふれあいマップ(一部)

聞き書きをする

聞いた話を、無理に地図や年表などにまとめず、そのまま文章化する手法もある。「聞き書き」である。地域の人の語りを、ある程度の長さを使って記述する方法である。

一人ひとりの人生、一人ひとりの生活のなかに、自然とのかかわりが埋め込まれている。その一つひとつが固有のものである。一人ひとりの固有の人生のなかに、自然や文化、歴史を見ようとする方法が、聞き書きだ。

茨城県土浦市宍塚《ししづか》に、一〇〇ヘクタールほどの里山的景観（池、湿原、草地、畑地、それに谷津《やつ》田《だ》と呼ばれる水田など）がある。これに注目した周辺の住民たち、とくに比較的最近この地に移り住んできた人たちが、一九八九年、「宍塚の自然と歴史の会」を発足させ、その自然の保全のための活動（観察会、下草刈り、学習会など）を繰り広げていた。

活動のなかでこのエリア（民有地）を所有する旧住民たちの話にも耳を傾けた。住民の話を聞くにつれ、単に自然だけでなく、この地域の文化や歴史全般に対する関心が会に出てきた。そこで旧住民たちへの聞き取りを組織的におこない、それを『聞き書き　里山の暮らし』という冊子にまとめた（一九九九年。二〇〇五年に続編を刊行）。

この冊子では、住民たちの経験が聞き書きの形でまとめられている。そこには、自然体験、農業、祭り、衣食住などが実に詳しく語られている。そしてその聞き書きのあとには、「農業用水」「山」「稲作」「動植物」「年中行事」などの項目ごとに、聞き取りからまとめた詳細な記述があり、さらには、歴史的な地図・航空写真、年表が掲載されている。この地区の暮らしについて、まさに総合的なガイドブックになっている。

会の理事長の及川ひろみさんは、聞き書きを通して聞き手の認識が変化し、また旧住民と新住民の関係も変化したと述べている。

「こうしたなかで、聞き手の多くが話を聞く前は蝶、トンボ、植物など里山の生き物に心を奪われることが多かったが、この聞き書き活動によって、おみなえし、山百合など里山に咲く花々が暮らしの糧であったことを知った。そしてなにより人と人のつながりの温かさ、ぬくもりが地域社会の根底にあることを感じることができた。これら、人と人とのつながりこそが農業の根底にあり、集落を形成し、まちづくりの根幹になっていることを学び、地元を理解するこの活動を抜きに里山の保全を語ることができないことを確信した。この出版を機に地元との交流がさらに深まり、しだいにお年寄りたちは、思い出を語るだけでなく、積極的に、技を伝えてくださるようになった」(及川「里山の歴史・文化的な環境を未来に伝えるために」)。

二〇〇二年に始まった「森の〝聞き書き甲子園〟」(当初、文部科学省と林野庁の事業)は、高校生たちが各地の「森の名人」(造林手、シイタケ栽培家、森林組合作業員、炭焼き従事者、木地師《きじし》、船大工など)に話を聞き、それを「聞き書き」という形で表現するという教育プログラムだった。高校生たちはまず研修を受け、そのあと名人と対面し、話を聞く。その録音データをすべていったん文字に起こし、そぎ落とし、整理して、名人の語りの形にまとめ、発表する。

「森の〝聞き書き甲子園〟」は参加した高校生たちのすばらしいとりくみもあって、大きな反響を呼び、聞き書きという手法の効果を世に示すことになった。

このような「聞き書き」は、近年各地で、半ば同時多発的に広がっている。聞き書きの効用に、みなが気がつきはじめたということだろう。

女川集落の日々

私自身がたずさわった聞き書きを、一つ紹介してみよう。場所は、本書で何度も登場している宮城県石巻市北上町。その山側にある女川《おながわ》集落は、とくに山とのつながりが強い地区だ。この集落の何人かの方にお話を聞いたが、そのなかから、佐々木初男《はつお》さん（一九二八〜二〇一五年）が山とのかかわりについて語った部分の聞き書きを披露しよう（佐々木さんの別の聞き書きは、第2章にもある。一〇〇ページ写真）。佐々木さんの魅力的な語りを味わっていただければと思う。

当時谷多丸《やたまる》〔女川近くの山の中の地名〕には、いい栗の木の密集地があったんです。秋になって栗の落ちる時期になると、夜に提灯《ちょうちん》つけて行くんだ。早く行っていい栗を拾うために夜に行ったのさ。皆競争してね。朝四時ころにね。日にちはとくに決まっていないけれど、落ちる状況を判断して、明日落ちるなとか、今夜落ちるなとか判断して、みんな競争して早く行って多く採ろうとしたのさ。栗は誰がどこで採ってもよかったのです。

秋には何回も採りに行ったね。九月一〇日すぎくらいから一ヶ月くらい採れた。

当時なぜそういうふうに栗拾いに行ったかというとね、拾ってきて、石巻方面さ小遣い稼ぎに売りに行くのです。個人の家に一軒一軒回ってね。市場も何もそのころないから、山菜でも何でもね、フキでもワラビでも採ってきて、そうやって売ったんです。

栗は、落ったのを拾ってくるのです。栗は口開いてみんな落ちっからね。天候次第だから、今ごろ口開いてぽろっと落ってきたなと思って、提灯つけて行くのです。天気が悪くなって、ああ、明日雨だ、今夜雨だって。雨降るとなおさら興奮するの。雨降るとその後風吹いて、栗が落ちる。だから興奮して行くのです。

一回にメリケン袋一袋とか一袋半とかを持って帰りました。手でそのまま集められるくらい、たくさんあったのです。女川以外の人も採ってよかったのですが、女川の人が多かった。なぜ女川の人が多かったかと言うと、女川では、田んぼっていうと大沼という沼だったから、春田植えしても秋に全然穫れない。それで栗をご飯さ入れて栗御飯にしたのです。それから、煮てから干して、子どもたちのおやつになったのさ。今みたいに食うもんないんだからね。

大沼の田んぼをやっている人たちは、米が穫れないんだから。あるところのおばあさんが、ざるをもってきて、「今夜の米がないから、貸してくれないか」と来ていた。何回も来ていた。そういう時代だったね。

栗は、まず煮て干すんです。たいていは、つるして干すんです。保存のためにね。〔つるして〕干すのが面倒な人は、むしろで干したね。拾ってきた栗を、廊下にむしろさずーっと奥まで敷いて干したのさ。

そのままぷちぷち、落花豆〔落花生〕食うみたいに、食べるのです。今みたいに何もないから、学校から帰ってから、栗をポッケさ入れてね、遊びに行ったものです。

　栗拾いしなくなったのは、炭焼きをやめたころかなあ。食料が豊富になってきたことが原因じゃないかと思います。

　今は山には山菜採りで入るくらいだね。昔だとしょっちゅう入っていたので、山道がはっきりしていたんです。ところが、今は昔みたいに人さ入らないから、その道路が途切れてしまった。炭背負って歩いたころには、かきわけなくても、走ることができたくらいだった。裸で歩いても大丈夫なくらいだったが、今はとてもじゃないけど。それから、入り口にはゴミの不法投棄ね。奥へ行くと今度は沢が荒れてんだね。なぜ荒れているのかというと、人が入んないからだね。小さい沢の変化はすごいなあ、と思いますね。

　秋になれば、コクワ〔サルナシ。その果実は食用になる〕のいっぱいなった上さ上がってね。ぎっしりなってるからね。毎日学校から帰って来っと、そこさ行ってね二人三人して採って食べたんだ。あれ食べると舌裂けるからね。舌が縦に裂けるんですよ。裂けるくらい食べたね。

　山ではね、小さい炭の窯《かま》を作ってね。大人が炭焼きやっている脇さ行って、炭焼きの真似ですね。よそのジイさんが行っているところへ行ってね。できるだけ本物に近づけてね。

三人四人《よったり》でね、こうやれああやれって、炭焼きの真似してね。小さい窯でもしっかり炭になるからね。

このあたりでは、大沢橋のところに杉があるんだけれど、あの杉の木のたもとに沢があるし、あそこが遊び場だったのでね。みんな集まってね。相撲もやったし、馬跳びもやった。しかし、あそこが今度道路作るのに買収になってね。このへんの思い出全部、あそこの杉しか残ってないんだけど、なくなっちゃうなあと思ってね。鬼ごっこやると、山さ逃げていってね。しかし、炭焼きやっていたから、こっちから見えんだ。そんなふうに遊んだね。そんな女川の子どもたちを何十年も眺めてきたんだから。女川のことは何でも知っている杉でねえかな。痛ましいね。

佐々木初男さんには、三回ほどお話を聞いた。全部合わせると、六時間ほどになる。それを一度すべて文字に起こし、削ったり（相当な量を削らざるを得ない）、順番を入れ替えたり、場合によっては言い回しをわかりやすく修正したりして聞き書きが完成した。同じ北上町で佐々木さん以外の数人についても同様にまとめ、それを一冊の冊子にした。ここで読んでいただいたのは、その一部だ（『聞き書き　北上川河口地域の人と暮らし』）。これともう一つ、学生たちととりくんだ『聞き書き　千栄に生きる』のＰＤＦファイルが北海道大学学術成果コレクション HUSCAP http://eprints.lib.hokudai.ac.jp/ にあるので、ご覧いただきたい)。

聞き書きの効用

私自身の経験から言っても、聞き書きという手法はたいへん魅力的である。環境保全や地域づくりの実践の中で、聞き書きは不思議な力を持っている。

聞き書きの効用のまず第一は、とりくみやすいということだ。特別なスキルが必要なわけでなく、話を聞く、それをまとめる、というだけである。実際にはそんなに簡単ではないのが、それでもハードルは低く、高校生や中学生でも十分始められる(福島県の奥会津では小学生による聞き書きがある)。もちろん大人も楽しくとりくめる。

聞き書きの効用の第二は、地域の自然や歴史、生活について、多面的に掘り起こせるということである。一人ひとりの話は同じでない。一人ひとりの多様な経験を語ってもらうことで、地域が立体的に浮かびあがってくる。生活全体の語りを引き出すことで、自然だけ、文化だけ、労働だけ、といった分断された語りでなく、全体の中に自然や文化が見える形で語りが現れる。地域社会の全体性を、分断させることなく、表すことができる。

効用の第三は、聞き書きそれ自体がコミュニケーションになるということである。地域の中の人間が聞き書きにとりくめば、それは地域内のコミュニケーションになるし、地域の外の人間がおこなえば、その地域を知るコミュニケーションになる。高校生や中学生が聞き手ならば、世代間コミュニケーションになるし、コミュニケーション教育にもなる。

効用の第四は、できあがった作品としての「聞き書き」が、読みやすく、また、人を引きつけることである。

聞き書きは文字通り「物語」である。人間は、科学的・論証的な文章より、「物語」という様式に惹《ひ》かれる性質をもっている。惹かれる、というよりも、人間が何かを系統だって理解したり、何か行動したりするときの本質的な方法が「物語」だと言ってもよいだろう。ここでいう「物語」とは、時間軸に沿った出来事が相互に意味づけられながら語られる様式のことだ。聞き書きの中に読者は「物語」を見出し、自分の物語と照らし合わせて、それを共有することができる。聞き書きが影響を及ぼしやすいゆえんだ。

この地域ではこういう自然とのかかわりをもっているから、それを今後も生かしていこう、ということを、科学的な手法で伝えようとしても、それはなかなか伝わりにくい。しかし、それが個人の語りとして「物語」になったときに、地域や社会で共有される物語になりやすい。

「物語」の重要性は、現在、哲学、医療、心理学、社会学などさまざまな分野で指摘されている（慧眼《けいがん》な読者は気がついたかもしれないが、実は、この本に多くの「語り」をちりばめているのも、それを意識してのことだ）。

さて、実際の聞き書きの手順は以下のようなものになる。

（1）語り手を選定しアポをとる（趣旨を説明し、許可を得る）。
（2）二時間程度話を聞く（ICレコーダーに録音する。場所はなるべく相手方の家などがよい）。
（3）録音したものを文字に起こす（すべて起こすやり方と、省略しながら起こすやり方がある）。
（4）起こしたものから、削除したり、並べ替えたりして、作品として読めるものにする。
（5）必要に応じて、語り手本人に確認してもらったり、追加のインタビューをしたりする。
（6）（事実関係の誤りを直すなどの）校正を重ねて最終稿を作る（必要に応じて注釈をつける）。
（7）読みやすい形にレイアウトして（写真なども入れるとなおよい）、冊子体やホームページで公開する。

（聞き書きの教科書としては、NPO法人共存の森ネットワークが作成した冊子『聞くこと・記録すること――『「聞き書き」という手法』がたいへんわかりやすい。ＰＤＦがホームページからダウンロードできる。「ユネスコスクール教材ルーム　聞き書きという手法」で検索）

物語が生まれる

聞くという作業は、たいへんおもしろく、奥深い作業だ。聞くといういとなみの中には、私たちが自然や社会とどう向き合うべきかについての示唆が含まれている。

聞き取り調査というと、あらかじめ作っておいた質問があって、それに対して話し手が「答」を語る、というイメージをもつかもしれない。しかし、聞き取り調査はそういうものではない。実際にやってみると、それはすぐにわかる。

聞くといういとなみは、単なるＱ＆Ａでなく、相互的なコミュニケーションを通して、相手の全体性を話の中で再構築することだ。

私たちの認識は、一人では成り立たない。一人ひとりの認識そのものが、他人との関係のなかで成立している。それは日々構築されるものだとも言える。何かを聞かれる者は、その聞かれるという行為によって、みずからの認識を再構築する。

語られたことは、「真実」であるというよりも、聞き手と語り手の相互作用やその場の空気といった条件下で創造された「物語」である。社会的真実とは、常にそうした「物語」である。自然環境にかかわる聞き書きは、それ自体が新たに作られた「物語」であり、だからこそダイナミックないとなみたりえる。

だからといって、聞き手がしゃしゃり出ては、そのダイナミズムは絶たれてしまう。聞き手の姿勢としては、まずもって耳を傾けること、受容的に聞くことが重要になってくる。もちろん、耳を傾けるというのは透明人間になることではない。積極的に相手を受容することで、物語が生まれる。

聞くこと自体が共同認識の構築であり、新しい物語の創造であり、そして合意形成のプロセスでもある。自然との関係、社会の中での関係を再構築するときの、最も基本的かつ根本的な方法が「聞く」という行為である。

2　物語を組み直す

感受性をみがく

聞くという行為が根本的であるだけに、ただ聞けばよいというわけにはいかない。「聞く」

にあたっての感受性、人や社会に対する聞き手の感受性が大事になってくる。聞いている相手の話が、地域社会のさまざまないとなみや歴史の中でどういう位置づけにあるか。（たとえば昭和三〇年ごろの話を聞いているとすれば）昭和三〇年ごろというと、この地域全体はどういう様子だったか。食べものの話、電気の話、学校の話、親族の話、祭りの話、そうした地域の多面性が、その人の話の中でどう位置づけられそうか。もっと広く昭和三〇年ごろ日本社会はどういう時代だったか、経済はどうだったか、農業政策はどうだったか。

そのような想像力を働かせながら、話を聞く。相手の話の向こうにある家族や友人関係、あるいは小さいころの経験や大人になってからの経験、そうしたものへの想像力も大切だ。

マクロからミクロまでのさまざまな社会のなかにその人のいとなみがあり、地域の自然がある。狭い「自然」だけ、狭い「文化」だけでない、生活の全体性に対する感受性。地域社会全体に対する感受性。社会学的感受性とでもいうべき、そのような感受性が重要になってくる。

社会学的感受性のまず第一は、現場の事実、生活者の「意味世界」を重視し、そのリアリティから物事を見ようとする姿勢だ。

「意味世界」とは、人が、自分を取りまく世界について、こうなっている、あるいはこうあるべきだ、と解釈しているその体系だ。決められた枠組みで物事を見るのではなく、現場の人びとの意味世界から何かを見よう、考えようという姿勢が、社会学的感受性の第一だ。数字で表されない、言葉や感覚で表されるものへの感性、「自然との共生」「持続可能性」といった大きな物語に収斂《しゅうれん》されないものへの感性とも言ってよいだろう。それぞれの地域、それぞれの人生には、決して代替できない固有の価値があり、意味がある。そこに思いをいたすことが、まずもって大切なことだ。

社会学的感受性の第二は、社会のダイナミズムや多元性への想像力である。今見ている「現実」、今聞いている「歴史」は地域社会のダイナミックな動きの一局面に過ぎない。その「現実」の背景には、マクロからミクロまでのさまざまな背景が複雑にからみあっている。語りの向こうにあるもの、その時代時代の状況、地域の揺れ動く状況、背景にある政策。それらに思いをいたす。その人がもっている人的ネットワークの広がりを想像する。地域社会の中でのその人の位置はどのようなものか、その人の話の前の時代には何があったか。「自然」を語る向こうに何があるか。その人の話は、地域の歴史の中で、どう位置づけられるか。一年後に同じことを聞いても同じ話になりそうか。

社会も個人も、つねに動いている。また一様でない。そうしたことへの想像力が求められる。そして社会学的感受性の第三は、「フレーミング（枠組み形成）」への意識である。

いくら現場のディテールから物事を見ようとしても、ディテールは無数にある。そのどこに注目するかは、私たちの「フレーム」にかかっている。「フレーム」とは、私たちが物事を見るときの「枠組み」である。「フレーム」を通さないで物事を見ることは不可能と言ってよい。人びとの「生活」について話を聞きたいと考えたとき、すでに「生活」という「フレーム」が前提になっている。こちらの思う「生活」と相手の「生活」では、その範囲は違っているかもしれない。

「フレーム」があること自体は悪いことではないし、人間の認識はそれから完璧に逃れることはできない。求められるのは、つねに「フレーム」について意識をすることだ。現実を見るなかで、あるいは、話を聞く中で、その「フレーム」を絶えず壊したり再構築したりすることが求められる。実のところ、これはなかなかむずかしい。しかし、それを助けてくれるのも、やはり現場のディテールである。現場のディテールを見落とさないという意識があれば、あらかじめ持っている「フレーム」の組み直しが必ず必要になってくるに違いない。

歩く、調べる

聞く、ということをもう少し広げてみよう。

人に聞くのが狭い意味での「聞く」だとすれば、「歩く」ことは現場の空間に聞くことであり、「調べる」ことは資料・データに聞くことである。

数年前、北海道日高町でのまち歩きに学生たちと何度か参加した。当時、役場と私の大学のゼミとの協働で、まちづくりのワークショップなどを開いていた(一四三ページ)。その一環として、何度か住民のみなさんと地域を歩いた。そのときに出会った一つに「竜神《りゅうじん》さん」があった。

大正時代、「竜神さん」は、岩石が多く難所だった地域の道路の交通安全を願ってまつられたが、その後場所も移り、そして今では地域の人たちも存在を忘れかけていた。訪れた竜神さんは、山の斜面の大きな岩の下に、文字が彫られた石と剣《つるぎ》がまつられてある、まことに控えめな神様だった。参加した住民の一人は「竜神さんの存在は何となく聞いたことがあったが、訪れたのは初めてだ」と語った。このまち歩きがきっかけで、その後、地域の人たちは、竜神さんのお参りを復活させた。地域の物語が少し回復した。

歩くと、いろいろなものに出会う。ただ歩くのではなく、想像力を働かせながら歩く。古い建物の向こうに何があるのか、この植物はどういう歴史的経緯でそこに繁茂しているのか、この農業用水はいつごろできたのか。地域の人が知っていること(地域にはたいていそういうことに詳しい人がいる)、専門家が知っていること、いろいろと出し合いながら歩くと、本当にさまざまな発見がある。

その場でわからないことも、あとで資料を見ると、ああそういうことなのかと、さらなる発見がある。昔の地図(国が作った地図だと明治からある)や昔の航空写真(戦後だとたいてい各時期の航空写真がある)を見ると、さまざまなことに気づく(国土地理院「地図・空中写真閲覧サービス」http://mapps.gsi.go.jp/)。この章の最初のほうで紹介した環境省生物多様性センターの自然環境情報GISなども、こうした資料調査の一環として利用すると、大きな意味が出てくる。

外部者の役割

そうしたことを、専門家など外部の人間と一緒にやるのもよい。専門家がもっている知恵は、たしかにヒントになる(ヒントにならないこともあるから注意したい)。

専門家の側について言えば、専門家は自分のフレームをいったん括弧《かっこ》に入れたほうがよい。外からの枠組みで見るのではなく、地域の人たちの意味世界を理解しようと努める。そこから自分のフレームを問い直し、組み直す。トップダウンに問題を発見するのではなく、住民たちに寄りそう形で問題を発見していく。

もしその専門家がそこに住む専門家なら、おのずと自分の専門に限らない、地域の多面的な課題を体で感じ、そこから物事を考えるだろう。佐藤哲さん（総合地球環境学研究所）は、そのような地域に住む専門家を「レジデント型研究者」と呼んで、持続可能な社会づくりにおいて大きな役割を果たしうると指摘している。地域と自然にかかわる科学は、本来、そのような地域に根差した全体的なものでなければならない。

専門家などの外部者のちょっとした介入が、地域の物語の再構築に寄与することもある。地域が大きな物語の中であえいでいるとき、外部者のなにげないかかわりが、地域の中の小さくて目立たなかった物語を引き出し、それが地域の物語の再編と再生につながることがある（荒井浩道『ナラティヴ・ソーシャルワーク』）。

そこに住む人たちが、自分たちで聞き、歩き、調べ、自分たちで決める。地域固有の歴史や多様な価値観に配慮しながら、試行錯誤を繰り返す。地域の人たちと、感受性をもった外部者とが協働し、「聞く」といういとなみを中心に据えながら、人と自然の関係を作り直していく。そうしたローカルで確実ないとなみによって、大きな物語に押しつぶされない、自分たちの物語、人と自然の物語を組み直すことができる。

おわりにかえて
小さな物語から、人と自然の未来へ

小さな物語を大事にする

今日、環境問題が語られるときには、つねに大きな物語がつきまとってくる。地球温暖化、砂漠化、森林破壊、低炭素社会、生物多様性、景観保全、などなど。

これらの大きな物語は、何らかの危機感をもった人たちによって作りあげられてきたフレームだから、もちろん大事な意味をもっている。しかし、これらの物語が何でも蹴散らしてよいわけではない。

これらの物語はときに、他の小さな物語を抑圧してしまう。生物多様性の保全を目的に設置された自然保護区が、これまでその地区を利用していた住民を追い出してしまう。住民の生活に制限がかかり、貧困化していく。「生物多様性」について理解を深めましょうという啓発活動が、地域の歴史的な自然とのつきあい方とうまくかみ合わない。地域の自然と長年つきあってきた住民が、「自然の専門家」の登場によって、隅に追いやられてしまう。さまざまな思いで森づくりに集まってきた人が「生物多様性の保全」につきあわされ、やがてその活動からも遠ざかってしまう。

そういうものでない自然再生の形は、どのようにしたら可能だろうか。

あるとき私は、ラムサール条約に登録されたある北海道の湖について、地域の人たちとのかかわりを知りたくて、学生たちと一緒に聞き取りをしていた。しかしいっこうにその湖の話が出てこない。かといって住民たちの自然とかかわりが薄かったわけではない。

よく聞くと、近くの大きな川にまつわる話はたくさん出てくる。遊びの話、魚採りの話、灌《かん》漑《がい》の話、子どものころ泳いでいておぼれそうになった話、水害の話など、豊富に話が飛び出した。

遠くから見るとラムサール条約登録の湖が目立つのだけれど、地域の中から見ると、別の姿の自然が見えてくる。しかもその自然との関係は、人によっても違うし、いい面も悪い面もある、実に多様な関係だった。小さいけれど豊かな物語が、そこにある。

宮城の小さな集落の磯物採集の話から始めたこの本がたどり着いた結論は、小さな物語を大事にするということだった。人びとが語る自然、人びとが話す生活、そうしたものの中に自然再生の形がある。この本は、そうした小さな物語を支援し、そこから地域の自然を再生させることを後押ししたくて書かれた。

人びとのいとなみの物語は、いずれも一つひとつは小さいし、いかにもか弱いものだ。しかし、そこにこそ人と自然の多様で重要な関係が潜んでいる。

「半栽培」という概念は、人びとが日々つくりだしている自然とのかかわりの物語をもう一度見直すために提案された。ダイナミズムをともなった人と自然の豊かな関係、幅広いバリエーションをもった半栽培の海の中に、日々の私たち自身がおり、日々の地域があり、そして日々の地球がある。それらはときに「生物多様性」「持続可能性」といった言葉で語ってもよいだろうが、そうした言葉に包含できないさまざまな側面を無視してはならない。

単線的な指標では表しきれない人と自然の多面的で豊かな関係を、もう一度浮かび上がらせたい。

小さな社会からの自然再生

同時に浮かび上がらせたいもう一つのものは、人と人との関係の物語だ。

自然をめぐってさまざまな現場を歩き、見て、聞いた結果、浮かびあがってきたのは「小さな社会」の豊かさだった。多様な自然との具体的なやりとり、個人と個人の具体的な関係(どんな自然の話を聞いても、そこに出てくるのは「誰々と一緒に」「誰々に教えてもらって」といった具体的な個人名だった)、小さな組織の微細な工夫、日々つちかわれる信頼関係、現場での試行錯誤、大きな制度と現場との間のズレ、微妙に違う一人ひとりの意識、そしてさまざまな悩み。私はそこに「小さな社会」を見いだし、そしてそうした小さな社会のありようにこそ、これからの自然再生、社会再生の種がまかれていることに気がついた。

小さな社会には、網の目のような人のネットワークがあり、信頼関係があり、柔軟性や順応性がそなわっている。目に見えない協働のしくみも埋め込まれている。もちろん「対立」もあるが、その対立にしても、形を変えた協働と見えた。「コモンズ」という言葉は、人びとのそうした日々のつながり、日々の協働のしくみに陽を当てるために提案された。小さな社会の微細なしくみや柔軟性を活かしながら、少しそこに誰かが手助けをすれば、人と自然をめぐる物語を組み直せるのではないか。

私はこれまで、自然にかかわる多くの現場に学んできた。さまざまな暮らし、自然を再生させようとするさまざまな活動(自然再生、自然保護活動、里山保全、環境教育活動など)、そうしたものに出会いながら、また一部は当事者・支援者としてもかかわりながら、考えた。おきまりに語られること(つまりは大きな物語)よりも、ぼそっとつぶやかれること、「あれ」と思うような発言に、なぜだか惹かれた。しばらくしてからその発言の意味に気がつく、ということもしばしばあった。うまくいっている現場からだけでなく、うまくいっていない現場からも多くを学んだ。

私はそうやっているうちに気がついた。そうか、こうやって小さな物語をお互いに聞くこと自体が、人と自然の再生へ向けた合意形成、新しい自然と社会へ向けての物語の再構築になるのではないか。合意形成とは、多様な立場、多様な価値観の間での相互理解と納得のプロセスのはずだ。もし「合意形成」が狭い「制度」として導入されようとするなら、私たちはそれに警戒しなければならない。私たちが実は日常的に営んでいる幅広い合意形成の形を、もう一度浮かび上がらせなければならない。

話すこと、聞くこと、多様なコミュニケーションを積み重ねること、そうしたことを通して、私たちは私たち自身の自然とのかかわり、社会のいとなみを再評価し、新しく組み直すことができる。

人と自然、そして地域社会の未来はそこにある。

あとがき

人と自然の関係は、どういうものが望ましいのだろうか。自然をめぐるさまざまないとなみに各地で出会い、学びながら、考えてきた。深く知れば知るほど、簡単に「こうだ」と言えないことがたくさん出てくる。それでも、さらに出会い、学びながら、少しずつ、こんなふうにすればよいのではないか、こんなふうに整理できるのではないか、と考えた。一人で考えてもわからないことが多いから、研究仲間たちと一緒に議論することも多かった。そうやって見えてきたことを、体系立て、いくらか物語的な要素も加えながら、コンパクトにまとめたのが、この本だ。

環境保全の政策や活動においては、どうしても自然科学的な視点が重視されがちである。しかし、環境保全は本来、社会的な営為であり、社会科学的な視点を抜きには語れない。とくに私がベースに置く環境社会学という学問分野の視点、つまり人びとの生活、人びととのいとなみから環境問題を考えるという視点は、これからますます重要になると私は考えている。そのことをわかりやすく伝える必要があると考えたことが、この本を書いた大きな理由だ。

幸いそうした視点の重要性に気づく人たちも多く、近年、自然保護や環境保全にたずさわる市民や自然科学の研究者たちから、あるいは行政から、社会科学的な見方について聞かれたり、求められたりするようになった。それに対し、これ一冊をとりあえず読んでください、と言えるようなハンディな本がなかなかなかった。それも、この本を書いた動機の一つだ。そうした方々とのコミュニケーションによって、私自身、何をどう伝えるべきなのかが、だいぶ見えてきた。

そこで、この本では、私自身の考えをある程度前面に出しつつ、最新の全体的な状況がわかる入門的な教科書としても読むことができるよう、本の組み立て方や概念の提示のしかたなどについて工夫をした。

歩くことで学んできたので、こんな小さな本でも、実に数多くの方々に出会い、学んできたことに、もとづいている。この本に多くの語りが取り入れられているのはそのためだ。

この本でとくに頻繁に登場していただいた宮城県石巻市北上町をはじめ、各地のみなさまには、深くお礼を申し上げたい。北上町の調査は、私の担当大学院生だった黒田暁さん、平川全機さん、武中桂さんらとの共同調査だった。彼らにも感謝したい。

また、自分で調べたことだけからこのような本を書くことは困難だし魅力的でもないため、本書では多くの方の研究を援用させていただいた。すぐれた研究をしてきたみなさんに感謝したい。

さらに、この本で書いたことは、私が一人で考えたというよりは、研究仲間たちとの共同の思考の結果でもある。鬼頭秀一さん、佐藤哲さん、菅豊さん、丸山康司さん、関礼子さん、それに多くの若い研究者たちと一緒に研究を進め、議論してきたことが、この本のバックボーンになっている。そうした共同研究の成果として、この本に連なるものに、私が編著者となった『半栽培の環境社会学』『なぜ環境保全はうまくいかないのか』『どうすれば環境保全はうまくいくのか』などがある。それらも含め、この本全体のテーマにかかわる推薦図書を巻末に掲げたので、ご参照願いたい。

旧い友人でもある岩波書店の編集者、坂本純子さんからは、この本が読者によりわかりやすくなるよう、数々のアドバイスをいただいた。さらに、この本の草稿について、笹岡正俊さん(北海道大学)、髙﨑優子さん(北海道大学大学院生)からも多くのコメントをいただいた。記して感謝したい。

「人びとの自然再生」というタイトルについても一言。「自然再生」という言葉は、狭義では

「そこなわれた自然を取り戻す事業」を指し、さらに狭義には、自然再生推進法に基づく「自然再生事業」を指す。しかし、この本の「自然再生」が意味するところはもっと広い。本書で言う「自然再生」は、人と自然、社会と自然との関係がさらによい関係になること、そしてそれがよりよい地域、よりよい社会につながっていくこと、という広い内容を指す。

「人びとの自然再生」は、だから、人びとによる、自然にかかわる多様ないとなみを再構築するということでもあり、また、「人びとの自然」を取り戻す、ということでもある。

宮内泰介

二〇一七年一月

岩波新書新赤版一〇〇〇点に際して

ひとつの時代が終わったと言われて久しい。だが、その先にいかなる時代を展望するのか、私たちはその輪郭すら描きえていない。二〇世紀から持ち越した課題の多くは、未だ解決の緒を見つけることのできないままであり、二一世紀が新たに招きよせた問題も少なくない。グローバル資本主義の浸透、憎悪の連鎖、暴力の応酬――世界は混沌として深い不安の只中にある。

現代社会においては変化が常態となり、速さと新しさに絶対的な価値が与えられた。消費社会の深化と情報技術の革命は、種々の境界を無くし、人々の生活やコミュニケーションの様式を根底から変容させてきた。ライフスタイルは多様化し、一面では個人の生き方をそれぞれが選びとる時代が始まっている。同時に、新たな格差が生まれ、様々な次元での亀裂や分断が深まっている。社会や歴史に対する意識が揺らぎ、普遍的な理念に対する根本的な懐疑や、現実を変えることへの無力感がひそかに根を張りつつある。そして生きることに誰もが困難を覚える時代が到来している。

しかし、日常生活のそれぞれの場で、自由と民主主義を獲得し実践することを通じて、私たち自身がそうした閉塞を乗り超え、希望の時代の幕開けを告げてゆくことは不可能ではあるまい。そのために、いま求められていること――それは、個と個の間で開かれた対話を積み重ねながら、人間らしく生きることの条件について一人ひとりが粘り強く思考することではないか。その営みの糧となるものが、教養に外ならないと私たちは考える。歴史とは何か、よく生きるとはいかなることか、世界そして人間はどこへ向かうべきなのか――こうした根源的な問いとの格闘が、文化と知の厚みを作り出し、個人と社会を支える基盤としての教養となった。まさにそのような教養への道案内こそ、岩波新書が創刊以来、追求してきたことである。

岩波新書は、日中戦争下の一九三八年一一月に赤版として創刊された。創刊の辞は、道義の精神に則らない日本の行動を憂慮し、批判的精神と良心的行動の欠如を戒めつつ、現代人の現代的教養を刊行の目的とする、と謳っている。以後、青版、黄版、新赤版と装いを改めながら、合計二五〇〇点余りを世に問うてきた。そして、いままた新赤版が一〇〇〇点を迎えたのを機に、人間の理性と良心への信頼を再確認し、それに裏打ちされた文化を培っていく決意を込めて、新しい装丁のもとに再出発したいと思う。一冊一冊から吹き出す新風が一人でも多くの読者の許に届くこと、そして希望ある時代への想像力を豊かにかき立てることを切に願う。

（二〇〇六年四月）

宮内泰介

1961年生まれ．北海道大学大学院文学研究科教授．環境社会学．東京大学大学院社会学研究科博士課程単位取得退学．博士(社会学)．自然と人，コミュニティのこれからをテーマに，国内外のフィールドワークを続ける．さまざまな市民活動，まちづくり活動にもかかわっている．
編著書に『自分で調べる技術』(岩波アクティブ新書)，『震災と地域再生――石巻市北上町に生きる人びと』(共編著，法政大学出版局)，『どうすれば環境保全はうまくいくのか』(編著，新泉社)，『なぜ環境保全はうまくいかないのか』(編著，新泉社)，『かつお節と日本人』(共著，岩波新書)，『開発と生活戦略の民族誌――ソロモン諸島アノケロ村の自然・移住・紛争』(新曜社)，『半栽培の環境社会学』(編著，昭和堂)，『コモンズをささえるしくみ』(編著，新曜社)，『コモンズの社会学』(共編著，新曜社)などがある．

歩く，見る，聞く 人びとの自然再生

岩波新書(新赤版)1647

2017年2月21日 第1刷発行

著 者 宮内泰介《みやうちたいすけ》

発行者 岡本 厚

発行所 株式会社 岩波書店
〒101-8002 東京都千代田区一ツ橋2-5-5
案内 03-5210-4000 営業部 03-5210-4111
http://www.iwanami.co.jp/

新書編集部 03-5210-4054
http://www.iwanamishinsho.com/

印刷製本・法令印刷 カバー・半七印刷

ISBN 978-4-00-431647-3 Printed in Japan

この本のテーマについて，もっと知りたい人のために

この本で議論してきたことがらについて，より深く勉強したい人のために以下の本を推薦します．


秋道智彌，2010，『コモンズの地球史－グローバル化時代の共有論に向けて』岩波書店．

鬼頭秀一・福永真弓編，2009，『環境倫理学』東京大学出版会．

佐藤哲，2016，『フィールドサイエンティスト－地域環境学という発想』東京大学出版会．

菅豊，2006，『川は誰のものか－人と環境の民俗学』吉川弘文堂．

関礼子・中澤秀雄・丸山康司・田中求，2009，『環境の社会学』有斐閣．

鳥越皓之，2012，『水と日本人』岩波書店．

宮内泰介編，2009，『半栽培の環境社会学－これからの人と自然』昭和堂．

宮内泰介編，2013，『なぜ環境保全はうまくいかないのか－現場から考える「順応的ガバナンス」の可能性』新泉社．

宮内泰介編，2017，『どうすれば環境保全はうまくいくのか－現場から考える「順応的ガバナンス」の進め方』新泉社．

湯本貴和・大住克博編，2011，『里と林の環境史(シリーズ日本列島の三万五千年－人と自然の環境史・3)』文一総合出版．

鷲谷いづみ，2004，『自然再生』中央公論新社．

鷲谷いづみ・鬼頭秀一編，2007，『自然再生のための生物多様性モニタリング』東京大学出版会．

主要参考文献

第１章

秋道智彌，1981，「“悪い魚”と“良い魚”－Satawal 島における民族魚類学」『国立民族学博物館研究報告』6(1)：66-133.
石川徹也，2001，『日本の自然保護－尾瀬から白保，そして 21 世紀へ』平凡社.
岩井雪乃，2009，『参加型自然保護で住民は変わるのか－タンザニア・セレンゲティ国立公園におけるイコマの抵抗と受容』早稲田大学出版部.
——，2014，「自然保護と地域住民」，松田素二編『アフリカ社会を学ぶ人のために』世界思想社，pp. 211-223.
岩松文代，2009，「揺れ動く竹の半栽培－たけのこ産地はモウソウチクの繁殖力とどのようにつきあってきたか」，宮内泰介編『半栽培の環境社会学－これからの人と自然』昭和堂，pp. 45-70.
梅本信也・山口裕文・姚雷，2001，「照葉樹林帯の一年生雑草における半栽培の風景」，金子務・山口裕文編『照葉樹林文化論の現代的展開』北海道大学図書刊行会，pp. 513-528.
小方宗次・柴田昌三，2001，『ネコとタケ－手なずけた自然にひそむ野生』岩波書店.
小椋純一，1992，『絵図から読み解く人と景観の歴史』雄山閣出版.
——，2006，「日本の草地面積の変遷」『京都精華大学紀要』30：159-172.
——，2012，『森と草原の歴史－日本の植生景観はどのように移り変わってきたのか』古今書院.
北上町史編さん委員会編，2004，『北上町史 自然生活編』北上町.
工藤雄一郎・国立歴史民俗博物館編，2014，『ここまでわかった！ 縄文人の植物利用』新泉社.
国際連合大学高等研究所日本の里山・里海評価委員会編，2012，

『里山・里海ー自然の恵みと人々の暮らし』朝倉書店.
在来家畜研究会編, 2009, 『アジアの在来家畜ー家畜の起源と系統史』名古屋大学出版会.
笹岡正俊, 2012, 『資源保全の環境人類学ーインドネシア山村の野生動物利用・管理の民族誌』コモンズ.
佐々木尚子・高原光, 2011, 「花粉化石と微粒炭からみた近畿地方のさまざまな里山の歴史」, 湯本貴和・大住克博編『里と林の環境史』文一総合出版, pp. 19-35.
佐原雄二・細見正明, 2003, 『メダカとヨシ』岩波書店.
須賀丈・岡本透・丑丸敦史, 2012, 『草地と日本人』築地書館.
瀬戸口明久, 1999, 「保全生物学の成立ー生物多様性問題と生態学」『生物学史研究』64：13-23.
デヴィッド・タカーチ, 狩野秀之・新妻昭夫・牧野俊一・山下恵子訳, 2006, 『生物多様性という名の革命』日経 BP 社.
高橋佳孝, 2011, 「草原利用の歴史・文化とその再構築」, 野田公夫他『里山・遊休農地を生かすー新しい共同＝コモンズ形成の場』農山漁村文化協会, pp. 131-266.
竹内健悟, 2004, 「岩木川下流部のオオセッカ繁殖地ーその成立と保全への課題」『環境社会学研究』10：161-169.
——, 2005, 「農業地域における自然環境管理の研究ー岩木川下流部におけるオオセッカ繁殖地を事例として」『弘前大学大学院地域社会研究科年報』2：21-36.
辻誠一郎, 2009, 「縄文時代の植生史」, 小杉康他編『縄文時代の考古学3　大地と森の中でー縄文時代の古生態系』同成社, pp. 67-77.
東北地方建設局北上川下流工事事務所, 1977, 『概要　北上川第一期改修工事誌』東北地方建設局北上川下流工事事務所.
中尾佐助, 1977, 「半栽培という段階について」『どるめん』13：6-14.
——, 1982, 「パプア・ニューギニアにおける半栽培植物群について」(『中尾佐助著作集 第1巻 農耕の起源と栽培植物』北海道大学図書刊行会, 2004, 所収).

——, 2011, 『秘境ブータン』岩波書店(初刊は 1959 年).
中村俊彦・本田裕子, 2010, 「里山, 里海の語法と概念の変遷」『千葉県生物多様性センター研究報告』2：13-20.
能城修一, 2014, 「縄文人は森をどのように利用したか」, 工藤雄一郎・国立歴史民俗博物館編『ここまでわかった！ 縄文人の植物利用』新泉社, pp. 50-69.
氷見山幸夫・岩上恵・井上笑子, 1991, 「明治後期－大正前期の土地利用の復原」『北海道教育大学大雪山自然教育研究施設研究報告』26：55-63.
松村正治・香坂玲, 2010, 「生物多様性・里山の研究動向から考える人間－自然系の環境社会学」『環境社会学研究』16：179-196.
水本邦彦, 2015, 『村　百姓たちの近世』岩波書店.
宮下章, 2004, 『海苔の歴史』海路書院.
守山弘, 1988, 『自然を守るとはどういうことか』農山漁村文化協会.
安田喜憲, 2007, 『環境考古学事始－日本列島 2 万年の自然環境史』洋泉社.
安田喜憲・三好教夫編, 1998, 『図説 日本列島植生史』朝倉書店.
養父志乃夫, 2009, 『里地里山文化論』農山漁村文化協会.
Berkes, Fikret, 2008, *Sacred Ecology* (Second Edition), New York: Routledge.
Brockington, Dan, 2002, *Fortress Conservation: the Preservation of the Mkomazi Game Reserve, Tanzania*, Bloomington: Indiana University Press.
Cernea, Michael M. and Kai Schmidt-Soltau, 2006, "Poverty Risks and National Parks", *World Development* 34(10): 1808-1830.
Costanza, Robert et al., 1997, "The Value of the World's Ecosystem Services and Natural Capital", *Nature* 387: 253-260.
Dowie, Mark, 2009, *Conservation Refugees*, MIT Press.
Fairhead, James and Melissa Leach, 1996, *Misreading the African Landscape: Society and Ecology in a Forest-savanna Mosaic*, Cam-

bridge: Cambridge University Press.
——, 1996, "Enriching the Landscape: Social History and the Management of Transition Ecology in the Forest-savanna Mosaic of the Republic of Guinea", *Africa* 66(1): 14-36.
Geisler, Charles, 2003, "A New Kind of Trouble: Evictions in Eden", *International Social Science Journal* 55(1): 69-78.
Millennium Ecosystems Assessment, 2005, *Ecosystems and Human Well-being: Synthesis,* Washington, D.C.: Island Press（横浜国立大学21世紀COE翻訳委員会監訳，2007，『生態系サービスと人類の将来－国連ミレニアムエコシステム評価』オーム社）.

第2章

戒能通孝，1964，『小繋事件－三代にわたる入会権紛争』岩波書店.
北上町史編さん委員会編，2005，『北上町史 通史編』北上町.
——，2005，『北上町史 資料編』北上町.
西城戸誠・宮内泰介・黒田暁編，2016，『震災と地域再生－石巻市北上町に生きる人びと』法政大学出版局.
平松紘，1999，『イギリス 緑の庶民物語－もうひとつの自然環境保全史』明石書店.
松村赳・富田虎男編，2000，『英米史辞典』研究社.
Berkes, Fikret ed., 1989, *Common Property Resources: Ecology and Community-based Sustainable Development*, London: Belhaven Press.
Cannon, John ed., 1997, *The Oxford Companion to British History,* Oxford: Oxford University Press.
Hardin, Garrett, 1968, "The Tragedy of the Commons", *Science* 162: 1243-1248.
McCay, Bonnie J. and James M. Acheson eds., 1987, *The Question of the Commons: The Culture and Ecology of Communal Resources*, Tucson: The University of Arizona Press.
Ostrom, Elinor, 1990, *Governing the Commons: The Evolution of In-*

stitutions for Collective Action, New York: Cambridge University Press.
Ostrom, Elinor, et al. eds., 2002, *The Drama of the Commons*, Washington, D.C.: National Academy Press（茂木愛一郎他監訳『コモンズのドラマ－持続可能な資源管理論の 15 年』知泉書館, 2012）.

第 3 章

木下勇，2007,『ワークショップ－住民主体のまちづくりへの方法論』学芸出版社.
篠藤明徳，2006,『まちづくりと新しい市民参加－ドイツのプラーヌンクスツェレの手法』イマジン出版.
ペーター・C. ディーネル，篠藤明徳訳，2012,『市民討議による民主主義の再生－プラーヌンクスツェレの特徴・機能・展望』イマジン出版.
富田涼都，2013,「なぜ順応的管理はうまくいかないのか」宮内泰介編『なぜ環境保全はうまくいかないのか』新泉社，pp. 30-47.
——, 2014,『自然再生の環境倫理－復元から再生へ』昭和堂.
広瀬幸雄編，2014,『リスクガヴァナンスの社会心理学』ナカニシヤ出版.
広瀬幸雄・大沼進他，2009,『ドイツにおける公共計画への市民参加の手続き的公正さについて－レンゲリッヒ市とバイエルン州におけるプランニングセルの社会調査研究(環境社会心理学研究 9 号)』生活環境調査会.
柳下正治，2011,「ハイブリッド型会議の活用の可能性と限界－「なごや循環型社会・しみん提案会議」の実践を通じて」『社会技術研究論文集』8：182-193.
Holling, C. S. ed., 1978, *Adaptive Environmental Assessment and Management*, Chichester: Wiley.
Macho, Gonzalo et al., 2013, “The Key Role of the Barefoot Fisheries Advisors in the Co-managed TURF System of Galicia (NW

Spain)", *Ambio* 42(8): 1057-1069.
Walters, Carl J. and Ray Hilborn, 1978, "Ecological Optimization and Adaptive Management", *Annual Review of Ecology and Systematics* 9: 157-188.

第 4 章

赤坂憲雄監修, 2009,『じいちゃん　ありがとう〜一枚の写真から〜奥会津こども聞き書き百選 1』奥会津書房.
荒井浩道, 2014,『ナラティヴ・ソーシャルワーク―"〈支援〉しない支援"の方法』新泉社.
宇井純, 1980,「公害問題に現われた科学的方法論の限界」『日本物理学会誌』35(12):955-960(『宇井純セレクション・3　加害者からの出発』新泉社, 2014 に所収).
及川ひろみ, 2007,「里山の歴史・文化的な環境を未来に伝えるために――土浦市宍塚の里山における試み」『環境社会学研究』13:78-83.
開発法子, 2007,「自然保護のための市民による「ふれあい調査」」, 鷲谷いづみ・鬼頭秀一編『自然再生のための生物多様性モニタリング』東京大学出版会, pp. 70-88.
宍塚の自然と歴史の会, 1999,『聞き書き　里山の暮らし―土浦市宍塚』宍塚の自然と歴史の会.
――, 2005『続 聞き書き　里山の暮らし―土浦市宍塚』宍塚の自然と歴史の会.
代田七瀬・吉野奈保子(共存の森ネットワーク), 2012,『聞くこと・記録すること―「聞き書き」という手法』SATOYAMA イニシアティブ国際パートナーシップ事務局・国連大学高等研究所.
日本自然保護協会ふれあい調査委員会, 2010,『人と自然のふれあい調査はんどぶっく』日本自然保護協会.
宮内泰介研究室編, 2007,『聞き書き　北上川河口地域の人と暮らし――宮城県石巻市北上町に生きる』北海道大学大学院文学研究科宮内泰介研究室.

——, 2012,『聞き書き　千栄に生きる－北海道日高町千栄地区の生活誌』北海道大学大学院文学研究科宮内泰介研究室.
森の“聞き書き甲子園”実行委員会事務局編, 2006,『森の名人ものがたり』清水弘文堂書房.